JN028333

堀桂太郎 著

電子回路、

マジ わからん

と思ったときに読む本

Ohmsha

はじめに

　情報化社会といわれる現代において、大多数の人々はコンピュータが必要不可欠な装置であると認識していることでしょう。コンピュータは、電子回路で構成されている装置です。コンピュータ以外でも、テレビやミュージックプレーヤ、冷蔵庫や炊飯器、ロボット掃除機などの家電製品、身に付けて使用するデジタル時計やワイヤレスイヤホンなど、私たちの身の回りにある多くの製品には電子回路が組み込まれています。つまり、電子回路の技術は私たちの生活を支える重要な要素なのです。

　電子回路は、アナログ回路とデジタル回路に大別できます。かつては、アナログ回路が主流でした。例えば、テレビやミュージックプレーヤなどはアナログ回路で構成されていました。音楽を記録する媒体をみても、レコード、カセットテープなどのアナログ方式が主流でした。しかし、現在ではデジタル技術の急速な発展により、多くのアナログ回路がデジタル回路に置き換わっています。音楽を記録する媒体も、CD や IC メモリなどのデジタル方式に移り変わりました。世はまさにデジタル回路の時代です。

　では、アナログ回路の必要性はなくなってしまったのでしょうか？　いいえ、そんなことはないのです。例えば、われわれ人間は、気温を感じ取ることや音声のやり取りなど、多くの処理をアナログ的に行っています。自然界の多くの事象もアナログ的に捉える必要があります。このため、コンピュータなどのデジタル回路がいかに高度化したとしても、アナログ回路も欠かすことはできません。

本書は、アナログ回路とデジタル回路の両方について、これらの基礎をやさしく、わかりやすく説明することを目標に執筆しました。電気の基礎知識や電子回路に使用する部品を解説したあとに、アナログ回路、デジタル回路の勘所を説明します。また、電子回路が使われている身の回りにある製品を取り上げて、興味をもって学んでもらえるように工夫しています。全体的に難しい数式はできるだけ使わずに、ユニークなイラストを多用することで、電子回路の基礎についての大切な考え方を理解してもらえるように心がけました。

　また、本書のタイトルにあるように、電子回路が「マジわからん」と思ったときがある読者の方々は、本書で「マジわかったぞ！」となっていただけることを願いながら執筆作業を進めました。本書が電子回路の基礎を学ぼうとする多くの読者の皆様に受け入れていただけることを願っています。

　最後になりましたが、本書の編集で多くの貴重なアドバイスやご指摘をいただきましたオーム社の皆さまに心より感謝いたします。

2023 年 1 月

堀　桂　太　郎

CONTENTS

1

身の回りには電子回路を使ったものがたくさんある!

1 そもそも電子回路って なんだ?

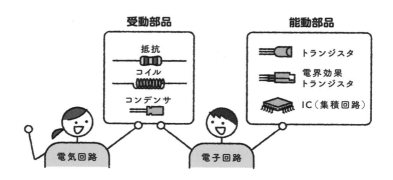

受動部品

抵抗
コイル
コンデンサ

電気回路

能動部品

トランジスタ
電界効果トランジスタ
IC(集積回路)

電子回路

電気回路との違い

電気製品などに使う部品には、さまざまな種類があります。このうち、抵抗、コイル、コンデンサなどは、**受動部品**とよばれ、電気を加えると何かしらの働きをしますが、電気信号を増幅する働きはありません。一方、トランジスタ、電界効果トランジスタ、IC(集積回路)などは、**能動部品**とよばれ、電気信号を増幅するなどの働きをもっています。電気に関わる回路は、**電気回路**と**電子回路**にわけられます。

- **電気回路**　受動部品を使って構成した回路。
  製品例:電熱器、扇風機(電子制御されていない製品)

- **電子回路**　受動部品と能動部品を使って構成した回路。
  製品例：スマートフォン、テレビ、パソコン

アナログ回路とデジタル回路

　本書で主として扱うのは、受動部品と能動部品を使用する電子回路です。電子回路は、さらに**アナログ回路**と**デジタル回路**に分けられます。

〈電子回路〉
- **アナログ回路**　アナログ信号を扱う回路。
- **デジタル回路**　デジタル信号を扱う回路。

　アナログ信号は、連続した電気信号です。例えば、私たちの音声はアナログ信号です。デジタル信号は、飛び飛びの電気信号であり、0と1のどちらかの値をとるのが一般的です。例えば、コンピュータ内でのデータ処理はデジタル信号を対象に行われます。

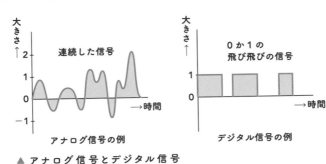

▲ アナログ信号とデジタル信号

　単に**電子回路**といったときには、アナログ回路だけを指す場合もありますが、本書では、アナログ回路(Chapter 4)とデジタル回路(Chapter 5、6)の両方をやさしく解説します。そして、電気回路については第2章で扱い、受動部品や能動部品については第3章で扱います。

2 頭のよい部品がいっぱい 入っているスマートフォン

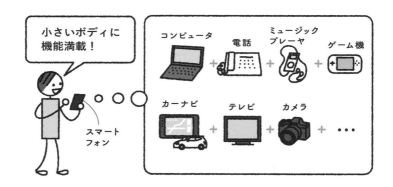

小さいボディに機能満載！

スマートフォン

コンピュータ ＋ 電話 ＋ ミュージックプレーヤ ＋ ゲーム機

カーナビ ＋ テレビ ＋ カメラ ＋ ・・・

さまざまな機能が搭載されている

略して**スマホ**と呼ばれることも多い、**スマートフォン**は、私たちの日常に不可欠となった**電子機器**といっていいでしょう。スマート(smart)は、「頭のよい」という意味の英語です。この名称の通り、スマートフォンには多くの機能が搭載されており、たくさんのことを簡単な操作で難なくこなしてくれます。スマートフォンは、主として次のような部分から構成されています。

- **データ処理**：CPU(中央演算装置)を中心としたコンピュータとしての演算機能。
- **メモリ**：アプリケーションソフトウェアや、写真、動画、音楽などのデータを記憶するIC(集積回路)。

- **通信**：電話機能やインターネットへの接続機能やGPS受信機、小型アンテナなど。
- **センサ**：指紋を識別するセンサ、顔認証や各種の撮影に使用する高解像度カメラ、加速度センサなど。
- **ディスプレイ**：タッチセンサを搭載した画像表示装置。液晶パネルから、高画質で消費電力が低い有機ELパネルへ移行している。
- **バッテリー**：スマートフォンを長時間動作させることができる小型で充電可能な電池として、リチウムイオン(Li-ion)電池が使用されることが多い。

　上記のいくつかについては本書で解説しますが、この他にも通話用のマイクやスピーカ、マナーモードで振動を生じるバイブレータなどたくさんの部品が使用されています。

　このようにスマートフォンは、非常に高性能なコンピュータや通信機器、各種センサなどを組み合わせた電子機器であると考えることができます。

1つのスマートフォンに複数のカメラ

　近年のスマートフォンは、多数の**カメラ**を搭載するようになり、例えば前面に2個、背面に4個、計6個のカメラを搭載した製品などがあります。

多数のカメラ
標準、広角、超広角、
望遠、ズーム、
深度探知…

超高画質
各種修正

かないません…

昔の高級カメラ

▲ スマートフォンのカメラ

搭載するカメラの数が多くなると、カメラのセンサ領域の合計面積が増えるので、より多くの光を集めることができるようになり、暗いところでもきれいな写真を撮ることができます。また、望遠レンズと広角レンズ、深度探知カメラを組み合わせることで、被写体までの距離が正確に測定できるようになり、より効果的な撮影や背景だけをぼかすなどの多様な修正が可能になります。

衛星からの信号を解析するGPS

　ほとんどのスマートフォンには、**GPS機能**が搭載されています。ここでは、この機能を使って、スマートフォンなどの位置を特定する方法について考えましょう。

　地球の周りを回っているGPS衛星からの信号を解析すれば、スマートフォンとGPS衛星の距離Dを知ることができます。距離Dが分かると、スマートフォンは、その衛星を中心とした距離Dを半径とする球面上のどこかにあることになります。

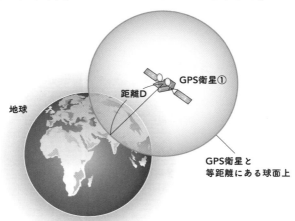

▲ 1個のGPS衛星

　2個のGPS衛星を対象にした場合は、スマートフォンからそれぞれのGPS衛星と等距離になる場所は2個の球面が交わる円周上になります。しかし、円周上のどこにスマートフォンがあるのか

は特定できません。さらに、3個のGPS衛星を対象にした場合は、スマートフォンとそれぞれのGPS衛星が等距離になる場所は3個の球面が交わる2地点になります。そのうち、地表に近い方がスマートフォンの位置になります。

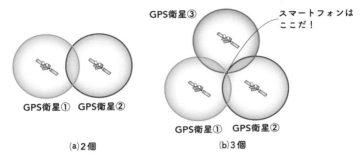

▲ 複数個のGPS衛星

　実際には、誤差を補正してより正確な位置の特定を行うために、4個以上のGPS衛星の信号を使用しています。このため、どこにいたとしても、GPS衛星からの信号が受信できるように、地球の周りには6つの軌道に計30個ほどのGPS衛星が回っています。

　特定したスマートフォンの位置情報は、例えばスマートフォンに表示した地図に重ねあわせるなどして、より便利に使用することができます。

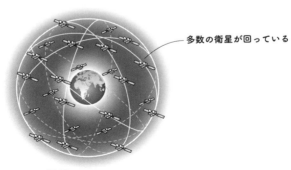

▲ GPS衛星

3 雑音をスパッと除去する ノイズキャンセリング ヘッドホン

雑音は
除去します！

ガ

ガ

ガ

ガ

ガ

進化するヘッドホン

従来のヘッドホンは、基本的には音を再生するスピーカが内蔵されているだけの構造をしていました。この構造の

ヘッドホンは、ワイヤレス方式などでなければ電池を必要としません。

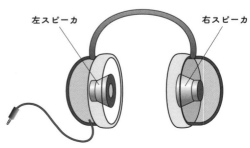

左スピーカ　　　　　　　　　　右スピーカ

▲ 従来からあるヘッドホンの構造

ノイズキャンセリング機能のしくみ

　一方、近年は、**ノイズキャンセリング**機能を搭載したヘッドホンやイヤホンが増えてきました。ノイズキャンセリングとは、雑音（ノイズ）を除去（キャンセリング）することです。例えば、ヘッドホンで音楽を聴く際に、周囲から発生する電車や自動車、工事現場などからの騒音などを取り除いて、本来聴きたい音楽だけを楽しめるようにするのです。

　音の信号は、時間とともに波形が変化する信号です。仮に、雑音の波形が次のようだったとします。

▲ 雑音の波形例

　ここで、次のような波形をした音を考えます。この音の波形と先ほどの雑音の波形を比べてみてください。

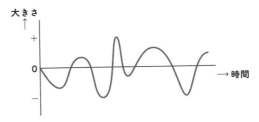

▲ 雑音と逆位相の波形

　2つの波形は、同じ時間（横軸）ならどこであっても、大きさ（縦軸）の長さ（強さ）は同じですが、向きは反対です。このように大きさの向きが反対であることを**逆位相**といいます。

2つの波形を重ねる

さて、これら2つの波形を重ね合わせるとどうなるでしょうか。

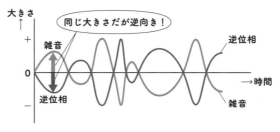

▲ 2つの波形を重ねる

2つの波形は、横軸のどこであっても同じ大きさで逆向きですから、合成すると差し引きゼロになります。

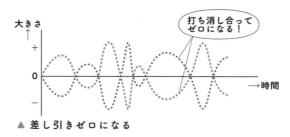

▲ 差し引きゼロになる

つまり、雑音に対して、同じ大きさで逆位相の信号を人工的に瞬時につくり出して放出すれば、2つの信号は重なり合って消えてしまうのです。これが、ノイズキャンセリングの原理です。

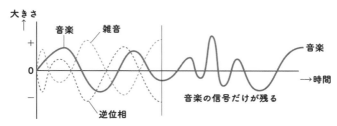

▲ 聴きたい音だけを残す

ノイズキャンセリング機能の実現

　同じ大きさで逆位相の信号は、電子回路によってつくりだすことができます。このために、ノイズキャンセリング機能を搭載したヘッドホンは、複雑な電子回路に加えて、周囲の雑音を入力するマイクロホンを内蔵しています。従来のヘッドホンでは不要だった電池も必要になります。ワイヤレス方式の場合は、いずれにしても電池が必要になります。イヤホンについても同様です。

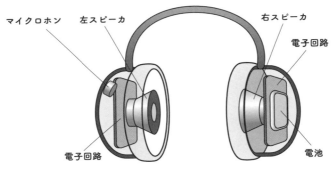

マイクロホン　左スピーカ　右スピーカ　電子回路　電子回路　電池

▲ ノイズキャンセリングヘッドホンの構成例

　ノイズキャンセリングは、サイレンや警報器の音や人の声など、安全のために必要な信号を完全に除去しないように考慮した設計が行われています。

　ノイズキャンセリングの原理は、以前より知られていました。それが、高速なディジタル信号処理を行う電子回路が開発されるようになってから実用化されました。この技術は、例えば自動車のエンジン音を除去して車内を静寂にすることなどへの応用も実用化されています。

4 掃除ロボットは センサが満載!!

障害物を検知するセンサ

動で部屋を掃除してくれる家庭用の**掃除ロボット**は、マイクロコンピュータを中心とした各種の電子回路や多数のセンサなどによって構成されています。

　マイクロコンピュータは、センサからの情報によって床の段差や壁の状況などを把握し、モータを制御して障害物を回避しながら掃除ロボットを走行させてゴミを吸引します。障害物を検知するには、次のようなセンサが使用されます。

- **赤外線センサ**：赤外線を用いて壁までの距離を検出し、壁沿いに走行することで壁ぎわまで掃除できる。

- **レーザセンサ**：回転させながら、レーザ光を周囲に出力することで10 m近くに及ぶ部屋の広い範囲で360°全方位にある障害物などの状況を把握する。
- **超音波センサ**：出力した超音波の反射を検出することで、透明な障害物などの検知もできる。

全方向の
障害物を認識

部屋全体の検知

レーザ光

レーザセンサ
(回転する)

掃除ロボット

▲ レーザセンサ

床のゴミを検知するセンサ

床にあるゴミの有無などを検知するには、次のようなセンサが使用されます。

- **高速赤外線センサ**：特に高性能な赤外線センサを用いることで、目にみえない20 μm程度の小さなホコリなどの有無を検知できる。

タイマを設定することで、夜間に自動的に掃除を行い、バッテリーが減ると自動的に充電コーナーに移動し、充電を開始する機能を備えている掃除ロボットもあります。また、スマートフォンで制御ができるものや、人の音声に反応して動作を決める機種も市販されています。

夜になったら
掃除しておいてね!

充電コーナー

OK!

▲ 音声で命令できる機種もある

電子回路で時刻を調整している 電波時計

　電波を受信して自動的に時刻などを調整する**電波時計**が安価で市販されています。現在では、置き時計だけでなく、置き時計よりもサイズが小さい腕時計においても、電波時計が普及しています。これらの電波時計が受信する電波は**標準電波**とよばれ、**タイムコード**というデジタル形式の情報を含んでいます。タイムコードは、1周期を60秒として繰り返し送信されており、分、時、1月1日からの通算日、年、曜日、うるう秒などのデータから構成されています。うるう秒とは、地球の自転に基づく世界時とよばれる時間との誤差を調整するためのデータです。電波時計は、受信したタイムコードを内部の**電子回路**で解読して、時刻などを調整します。

デジタル形式

| 分 | 時 | 1月1日からの通算日 | 年（西暦下2桁） | 曜日 | うるう秒 |

1周期（60秒）

▲ タイムコードが含む主なデータ

　日本では福島局（おおたかどや山標準電波送信所、周波数40kHz、出力50kW）と九州局（はがね山標準電波送信所、周波数60kHz、出力50kW）の2箇所から、標準電波を送信しています。各局からの標準電波の到達距離は、およそ1000kmに及ぶため、この2局で、国内全域をカバーしています。

※うるう秒は、標準時のもとになる時刻の管理を行う「国際度量衡総会」の決議（2022年11月）で、2035年までに実質的に廃止されることになりました。

2

電子回路を
理解するために
必要な
電気の基礎

5 交流と直流は 性質も使いみちも違う電気

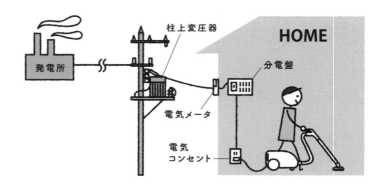

柱上変圧器

HOME

分電盤

発電所

電気メータ

電気
コンセント

電圧の変換

電気は、家庭にある電気コンセントから手軽に取り出して使用できます。**発電所**でつくられる電気は、数十万V（ボル

鉄道、大工場　　　大工場　　　中工場　　　　小工場
200 V

発電所　　　　　　　　　　　　　　　　　　　　　　柱上
変圧器

変電所　　変電所　　変電所　　変電所

27万5 000 V　15万4 000 V　7万7 000 V　2万2 000 V　6600 V
〜　　　　　　　　　　　　　　　〜　　　　　　　　　　　100 V
50万 V　　　　　　　　　　　3万3 000 V　　　　　　　　家庭

▲ 発電所から家庭に送られる電気

16

ト)の高電圧です。この電気は、送電線によって使用者のもとまで送られます。送られてくる途中には、いくつかの**変電所**があり、そこで電圧を下げます。

　大工場などへは、2万2000V以上の大きな電圧で届けられますが、私たちの家庭に届く電気は100Vの電圧になっています。町中で見かける**柱上変圧器**は、6 600Vの電気を200Vや100Vの大きさに下げる働きをしています。

▲ 柱上変圧器の例

電気は、その性質から**交流**と**直流**に分けられます。

- **交流**：電圧の大きさや極性（＋、−）が時間とともに変化する電気。
- **直流**：電圧の大きさや極性（＋、−）が一定の電気。

電気の性質——交流

　発電所から送られる電気は**交流**であり、家庭の電気コンセントから得られる電気も交流です。交流は、時間が経つにしたがっ

て、電圧が大きくなったり小さくなったりします。この変化中に、＋（プラス）と－（マイナス）の**極性**が入れ替わる場合は、電圧が一瞬０Ｖになる時間があります。家庭用の電気は、100Ｖと説明しましたが、実際は０Ｖ～約±141Ｖの大きさに変化しながら極性も変えています。

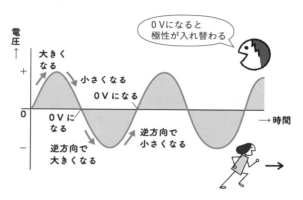

▲ 交流の波形例

電気の性質──直流

直流は、交流とは異なり、時間が経っても電圧の大きさは一定であり、極性も変化することはありません。乾電池やボタン電池、車のバッテリーなどから得られる電気は直流です。

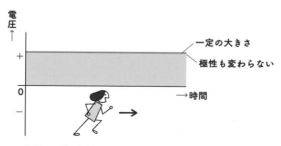

▲ 直流の波形例

例えば、図に示す乾電池は、どれも電圧が1.5Vであり、形状に出っ張りのあるほうの極性がいつも＋、平らなほうの極性がいつも－です。

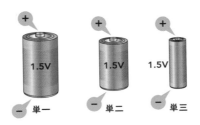

1.5V　1.5V　1.5V

－単一　　－単二　　－単三

▲ 乾電池の外観例

交流を直流に変換する

　掃除機や扇風機、アイロンなどは、多くの製品が交流で動作します。一方、テレビやパソコン、スマートフォンなど多くの電気製品は直流でなければ動作しません。このため、例えば、家庭の電気コンセントからの電気(交流)でスマートフォンを充電する場合などには、交流を直流に変換する装置が必要になります。交流を直流に変換することを**整流**といいます。**ACアダプタ**は、この整流機能と電圧を5Vにする変圧機能を合わせ持っています。

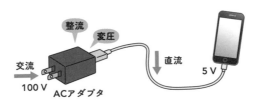

整流　変圧

交流　　　　　　　　　　　直流

100V　ACアダプタ　　　　　　　5V

▲ ACアダプタの働き

　英語の頭文字を使って、交流は **AC**(alternating current)、直流は **DC**(direct current)ともよばれます。

6 波形をみればスッキリ わかる交流の周波数

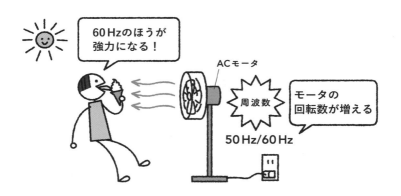

交流の周期と周波数

前の節で、交流は電圧の大きさや極性（＋、－）が時間とともに変化することを説明しました。家庭の電気コンセントから得られる交流は、同じ基本波形を繰り返します。この基本

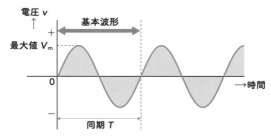

▲ 正弦波交流

波形は、三角関数の**正弦（sin）**の波形なので、このような交流を**正弦波交流**とよびます。また、基本波形1回分の時間（横軸）を**周期 T[s]**（セカンド、秒）といいます。

　周期 T の逆数を**周波数 f[Hz]**（ヘルツ）といいます。周波数 f は、1秒間に基本波形が何回繰り返されるかを表す値です。下の例では、1秒間に基本波形が4回繰り返されているので、周波数は4 Hz になります。

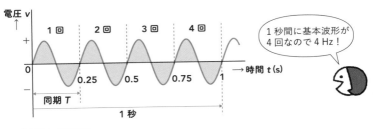

▲ 周期と周波数

　周波数 f は、次の式で表すことができます。

$$f = \frac{1}{T} \ [\mathrm{Hz}]$$

　上の正弦波交流の例では、周期 T が 0.25 s なので、この値を式に代入して周波数 f を計算することもできます。

$$f = \frac{1}{T} = \frac{1}{0.25} = 4 \ [\mathrm{Hz}]$$

　また、周波数の式を変形すれば、周期の式が得られます。

$$T = \frac{1}{f} \ [\mathrm{s}]$$

周期と周波数は、他方の逆数になっている関係があります。

- **周期**：波形1回分の時間、記号 T、単位 [s]。
- **周波数**：1秒間に周期 T の波形が何回繰り返されるか、記号 f、単位 [Hz]。

直流は、電圧の大きさや極性（＋、－）が一定の電気ですから、周波数という考え方は当てはまりません。

交流の電圧の考え方

正弦波交流の電圧の大きさは、時間とともに変化しますが、ある時間 t での電圧 v の大きさは**瞬時値**電圧とよばれ、次の式で表すことができます。

$$v = V_\mathrm{m} \sin \omega t \ [\mathrm{V}]$$

この式の Vm は電圧の**最大値**であり、ω（オメガ）は**角周波数**または**角速度**とよばれる値であり次の式で表されます。

$$\omega = 2\pi f \ [\mathrm{rad/s}]$$

ω の単位 [rad/s] は、ラジアン／（パー）セコンドと読みます。

いくつかの式が登場したので、慣れていない人は、少し疲れてしまったかもしれません。式を考えるのはお休みにして、家庭の電気コンセントから得られる交流の周波数についてみてみましょう。

地域で異なる周波数

電気コンセントから得られる交流の周波数は、地域によって50 Hz または、60 Hz になります。

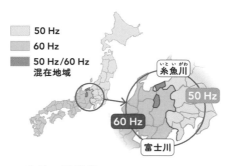

▲ 交 流 の 周 波 数

東京などがある東日本は50Hzですが、大阪などがある西日本は60Hzです。境界付近には、50Hzと60Hzが混在している地域もあります。日本で電気が使われるようになった明治時代、まだ自力で発電機をつくることができなかった日本は、海外から発電機を輸入しなければなりませんでした。その際、東日本はドイツ製、西日本はアメリカ製の発電機を輸入しました。これらの国では、発電する交流の周波数が異なっていたのです。その後、日本での周波数の統一について検討されました。しかし、交流の周波数が変わると使用できなくなる電気製品などもあり、統一することはできていません。

▲ 50Hzと60Hz

〈電気製品と周波数の関係（例）〉
①周波数が変わってもそのまま使える電気製品。

　電気ポット、トースター、テレビ、パソコンなど
②周波数が変わると使えない電気製品。

　洗濯機、衣類乾燥機、電子レンジ、タイマーなど
③周波数が変わると性能が変わる電気製品。

　扇風機、ドライヤー、掃除機、ジューサーなど

　ただし、上記は例であり、かならず当てはまるわけではありません。例えば、電気コンセントから電源を得る電気製品であっても、内部で交流を直流に変換してから動作するような**インバータ**機能をもっている製品は、周波数に無関係に動作できることが大半です。いずれにせよ、周波数の異なる地域に引っ越しする場合などには、使用する電気製品の仕様を確認しましょう。

7 自由電子の移動から生まれる電流と電圧

ところてん突きでたとえてみる……

電子の移動と電流の関係

電池に豆電球を接続すると導線内にある**自由電子**が電池の－極（負極）から豆電球を経て＋極（正極）に向かって流れます。自由電子は、物質を構成する**原子**の中にある移動しやすい**電子**のことです。

そして、この自由電子の流れによって、豆電球は点灯します。このとき、自由電子とは反対方向の流れを**電流**

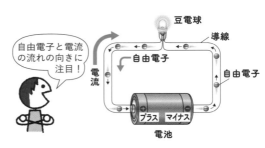

▲ 自由電子と電流の向き

といいます。

- **自由電子**：電池の −極から＋極に向かって流れる。
- **電流**：電池の＋極から −極に向かって流れる。

　人が電流の流れの向きを決めた後に、自然現象として自由電子が電流とは逆向きに流れることが発見されました。本当は、電流と自由電子の流れを同じ向きに定義したほうがよかったのですが、混乱を避けるために、電流が流れる向きの定義は変更されませんでした。

電流を押し出す力の電圧

　電流を押し出す力を**電圧**といいます。電流と電圧の関係は、水の圧力と流れに例えることができます。下図のようなタンクに水を入れると、圧力が生じて水が流れます。このとき、水の圧力が電圧、水の流れが電流に対応します。

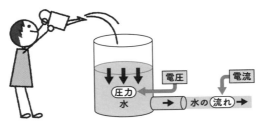

▲ 水の圧力と流れ

電流と電圧の記号

　電流は、記号に I または i、単位には **A（アンペア）** が使われます。電圧は、記号に V または v など、単位には **V（ボルト）** が使われます。電圧の記号と単位には、同じアルファベット V が使われますが、記号はブイ、単位はボルトと読み方が異なります。交流の極性が時間によって変化する場合は、それに応じて電流の向きも変化します。

8 電流・電圧・抵抗とオームの法則

電圧 **V**

電流 **I**

これら3つの関係を示すのがオームの法則！

抵抗 **R**

$$I = \frac{V}{R}$$

抵抗の役割

 流の流れを妨げる部品を**抵抗器**または、単に**抵抗**といいます。抵抗の記号は R、大きさの単位には Ω（オーム）が使われます。抵抗の主な働きは次のとおりです。

- **電流の流れを妨げる**　抵抗の値が大きいほど、妨げる度合いが大きくなる。
- **電圧を取り出す**　抵抗の値が大きいほど、取り出す電圧が大きくなる。
- **熱を発生する**　抵抗に電流を流すと、**ジュール熱**とよばれる熱を発生する（応用例：ドライヤー、電熱器など）。

これまでに学んだ電流、電圧、抵抗の記号と単位について確認しましょう。

▼ 電流、電圧、抵抗

項目	記号	単位
電流	I、i（アイ）	A（アンペア）
電圧	V、v（ブイ） E、e（イー）	V（ボルト）
抵抗	R（アール）	Ω（オーム）

抵抗と電流・電圧の関係

ここでは、抵抗が電流の流れを妨げることについて、電池に抵抗を接続した回路を使って考えましょう。抵抗 R の大きさを変えずに、電池の電圧 V を大きくしていった場合、流れる電流 I の大きさを測定します。

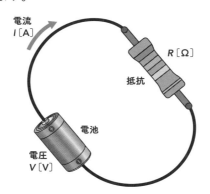

電流
I [A]

R [Ω]

抵抗

電池

電圧
V [V]

▲ 電池に抵抗を接続した回路

例えば、抵抗 R の大きさを 2Ω（一定）にしたまま、電圧 V を 0V→4V まで大きくしていきます。このときの電流 I の大きさは、電圧の変化に伴って大きくなっていきます。つまり、**電流は電圧に比例**して変化します。

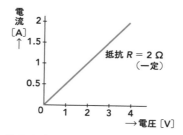

▲ 電圧を大きくすると電流も大きくなる

　次に、例えば、電圧Vの大きさを4V（一定）にしたまま、抵抗Rを1Ω→5Ωまで大きくしていきます。このときの電流Iの大きさは、電圧の変化に伴って小さくなっていきます。つまり、**電流は抵抗に反比例**して変化します。

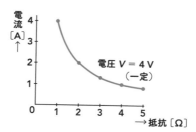

▲ 抵抗を大きくすると電流は小さくなる

オームの法則

　以上をまとめて表現すると、**電流は電圧に比例し、抵抗に反比例する**といえます。この現象は、**オームの法則**とよばれます。

オームの法則は、人が大玉を坂道で転がす様子に例えることができます。大玉の転がる勢いが電流、人が大玉を押す力が電圧、坂道の角度が抵抗です。

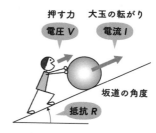

▲ オームの法則のイメージ

一定の角度の坂道（抵抗）において、押す力（電圧）を大きくすれば、大玉の転がる勢い（電流）は大きくなります。しかし、押し出す力（電圧）が一定なら、坂道の角度（抵抗）が大きくなれば、大玉の転がる勢い（電流）は小さくなります。

　オームの法則は、電流 I、電圧 V、抵抗 R の関係を示す法則です。これらの記号を用いて、オームの法則を式で表すと次のようになります。

• **オームの法則**　　$I = \dfrac{V}{R}$

　この式は $I =$ の形式になっていますが、$V =$、$R =$ の形式に変形することで、他の値を計算することもできます。つまり、電流 I、電圧 V、抵抗 R のうち、いずれか2つの値がわかっている場合は、オームの法則を使って残りの値を計算できます。例えば、記号 I、V、R を下図のように表し、求めたい記号を指で隠せば、任意の式を得ることができます。円内の横線を ÷、縦線を × の演算記号だと考えます。

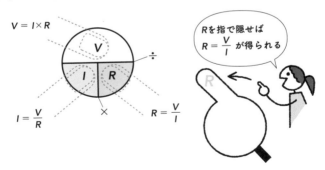

$V = I \times R$

$I = \dfrac{V}{R}$

$R = \dfrac{V}{I}$

R を指で隠せば
$R = \dfrac{V}{I}$ が得られる

▲ オームの法則の覚え方

　オームの法則は、ドイツの物理学者オーム（G.S.Ohm: 1789〜1854）によって発表されました。電気分野において、極めて重要な法則として知られています。

9 複雑な回路になっても使える キルヒホッフの法則

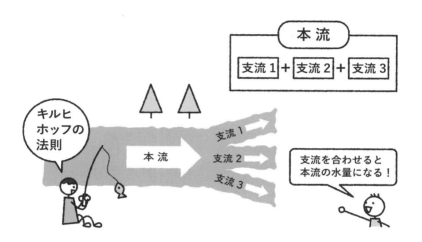

本流

支流1 ＋ 支流2 ＋ 支流3

キルヒホッフの法則

本流

支流1
支流2
支流3

支流を合わせると本流の水量になる！

重要な電気の2つの法則

電気分野において、オームの法則と同様に重要な**キルヒホッフの法則**を理解しましょう。キルヒホッフの法則には、**第一法則**と**第二法則**があります。次に示す定義は、おそらく難しいと思われることでしょう。でもご安心ください。ここでは、キルヒホッフの法則の意味が理解できるようにやさしく説明します。

- **第一法則**　回路中の任意の接続点に流入する電流の和は、流出する電流の和に等しい。
- **第二法則**　回路中の任意の閉回路を一定の向きにたどるとき、その閉回路の起電力の和は、抵抗による電圧降下の和に等しい。

キルヒホッフの第一法則

第一法則は、**電流**についての法則です。電池に2個の抵抗 R_1 と R_2 を並列に接続した回路に流れる電流を考えましょう。電池からは、電流 I が流れています。そして、この電流 I は抵抗 R_1、R_2 に、それぞれ電流 I_1、I_2 として分かれて流れ込んでいます。このとき、元の電流 I の大きさは、$I_1 + I_2$ と等しくなります。これが、第一法則の意味するところです。

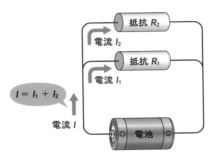

▲ 回路の電流を考える

キルヒホッフの第二法則

第二法則は、**電圧**についての法則です。電池に2個の抵抗 R_1 と R_2 を直列に接続した回路の電圧を考えましょう。電池の電圧 V[V] が抵抗 R_1、R_2 にそれぞれ V_1、V_2 として分かれて加わっています。このとき、元の電圧 V の大きさは、$V_1 + V_2$ と等しくなります。これが、第二法則の意味するところです。

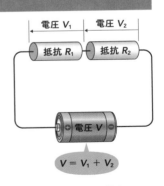

▲ 回路の電圧を考える

　キルヒホッフの法則は、ドイツの物理学者キルヒホッフ (G. R. Kirchhoff: 1824〜1887)によって発表されました。

10 電力と電力量で電流はどのくらい仕事をしたのかがわかる！

電流1A

電圧 12V

電力＝電流×電圧
1×12＝12W

10秒使えば、
電力量
＝電力×時間
12×10
＝120W·s

電流の仕事量

電流は、私たちの役に立つさまざまな働きをしてくれます。例えば、LED電球に電流を流せば光を出します。また、モータを回転させたり、ドライヤーから温風を出したりします。電流がする仕事の量は、**電力**または、**電力量**で表すことができます。

- **電力**：電流が単位時間にする仕事。

    電力 P ＝ 電流 I × 電圧 V
- **電力量**：電流がある時間内にする仕事。

    電力量 ＝ 電力 P × 時間 t

電力W

電力は、記号に P、単位には **W（ワット）** が使われ、その大きさは電流と電圧の積で表されます。電流や電圧にオームの法則を使えば、電力を表す式は、次のように書き換えることができます。

$$P = I \cdot V = \left(\frac{V}{R} \right) \cdot V = \frac{V^2}{R}$$

$$\underset{\underset{V = I \cdot R \quad \text{オームの法則}}{\big\uparrow}}{P = I \cdot V = I \cdot (I \cdot R) = I^2 \cdot R}$$

（上式の $I = \frac{V}{R}$ オームの法則）

電力量W・h

電力量は、記号に W、単位には **W・h（ワット時）** が使われ、その大きさは電力と時間の積で表されます。つまり、ある時間内に使用した電力の量が電力量です。電力量の単位は、計算する時に使う時間 t の単位によって変わります。

▼ 電力量の単位

時間の単位	電力量	
	単位	読み
s（秒）	W・s	ワット秒
	J	ジュール
h（時）	W・h	ワット時
	kW・h	キロワット時

W・sは1秒間あたりに使う電力を示し、W・hは1時間あたりに使う電力を示すときの単位です。また、kWは、Wの1 000倍を表す（1 000W＝1kW）単位です。家庭などで使用する電気は、電力量を電力量計で測定して、支払い料金が決められます。その際は、単位としてkW・hが使用されるのが一般的です。

この他、電力量の単位として、J（ジュール）を使用することがあります（1J＝1W・s）。

11 表で整理してみる単位と接頭語

世界で使われる単位

これまでの節で、**単位**について、例えば電流は **A**（アンペア）、電圧は **V**（ボルト）、抵抗は **Ω**（オーム）であることを説明しました。単位は、1960 年に国際度量衡総会が定めた**国際単位系（SI）**が世界的に用いられています。SI は、フランス語表記の略称ですが、英語では International System of Units と記述します。この規格によって世界中で共通の単位を使用することができます。私たちが、生活の中で日常的に使用する、長さの単位 **m**（メートル）や重さの単位 **kg**（キログラム）、時間の単位 **s**（秒）などもこの国際単位系で規定されています。国際単位系は、単位を基本単位と組立単位に分類して扱っていますが、ここではこれらの

分類はせずに、まとめて紹介します。

　国際単位系で定められている単位のうち、電気分野でよく使用される単位を次の表に示します。

▼ 電気分野でよく使う単位

対象	記号	読み	対象	記号	読み
電流	A	アンペア	静電容量	F	ファラド
電圧	V	ボルト	インダクタンス	H	ヘンリー
電気抵抗	Ω	オーム	平面角	rad	ラジアン
周波数	Hz	ヘルツ	電荷	C	クーロン
電力	W	ワット	コンダクタンス	S	ジーメンス
エネルギー（電力量）	J	ジュール	光度	cd	カンデラ

長さの単位で接頭語を学ぶ

　長さの単位 **m**（メートル）を使う場合を考えましょう。短い長さを表すときは、**mm**（ミリメートル）や **cm**（センチメートル）などが使われます。また、長い長さを表すときは、**km**（キロメートル）が使われます。このような、**m**（ミリ）、**c**（センチ）、**k**（キロ）を**接頭語**といいます。接頭語を用いることで、小さな数や大きな数をわかりやすく表すことができます。

　例えば、1 000 m は、1×10^3 m なので、接頭語 k を用いて 1 km と表せます。また、0.01 m は、1×10^{-2} m なので、接頭語 c を用いて 1 cm と表せます。

▼ 接頭語の例

接頭語	p	n	μ	m	c	k	M	G	T
読み	ピコ	ナノ	マイクロ	ミリ	センチ	キロ	メガ	ギガ	テラ
べき乗	10^{-12}	10^{-9}	10^{-6}	10^{-3}	10^{-2}	10^3	10^6	10^9	10^{12}

12 電池の接続から学ぶ 直列接続・並列接続

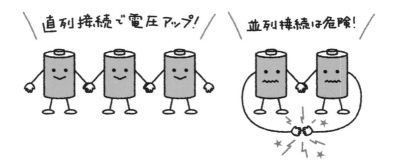

\ 直列接続で電圧アップ! /　\ 並列接続は危険! /

直流電源の図記号

電気回路や電子回路で使用される電池の接続について考えてみましょう。例えば、単一と呼ばれる乾電池は、電圧 V = 1.5Vの直流を出力します。直流電源の図記号では、線の長いほうが＋極（正極）、線の短いほうが－極（負極）を表します。

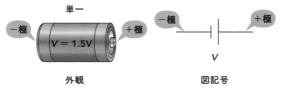

単一

－極　　V = 1.5V　　＋極

－極　　　　　　＋極

V

外観　　　　　　図記号

▲ 乾電池の例

複数の乾電池を接続することを考えます。接続方法の基本は、**直列接続**と**並列接続**です。

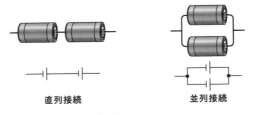

直列接続 並列接続

▲ 乾電池2個の接続

直列接続

直列接続から考えましょう。1個が電圧1.5Vの乾電池を直列に2個接続すれば、合わせた電圧は1.5V×2個＝3.0Vになります。また、直列に3個接続すれば、合わせた電圧は1.5V×3個＝4.5Vになります。

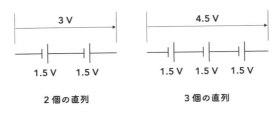

2個の直列 3個の直列

▲ 乾電池の直列接続

このように、電圧 V[V]の乾電池 n 個を直列接続した場合の合計電圧は、V×n[V]になります。つまり、個数を増やすほど電圧が大きくなっていきます。例えば、加える電圧に比例した明るさで点灯するランプがあるとすれば、乾電池を2個直列接続すれば、1個の場合と比べてより明るく光ります。

ところで、乾電池の持ちはどうなるでしょうか。乾電池を2個直列接続すれば、1個の場合と比べてランプをより長い時間点灯させることができるのでしょうか？ 答えは、ノーです。複数の

乾電池を直列接続すると、ランプをより明るく点灯させることができますが、点灯時間は乾電池を1個使用した時と同じです。つまり、乾電池の持ちを長くすることはできません。

▲ 直 列 接 続 の 効 果

並列接続

　次に**並列接続**を考えます。乾電池の**並列接続はよくない接続方法**なのですが、まずは接続した場合について考えましょう。1個が電圧1.5Vの乾電池を並列に2個接続しても、また並列に3個接続しても、合わせた電圧はどちらも1.5Vのまま変わりません。

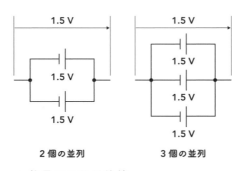

▲ 乾 電 池 の 並 列 接 続

　このように、電圧V[V]の乾電池をいくつ並列接続した場合でも、合計電圧は、1個の時と同じです。先ほどと同じランプ、つ

まり加える電圧に比例した明るさで点灯するランプがあったとすれば、乾電池をいくつ並列接続しても、1個の場合と同じ明るさで光ります。乾電池の持ちについては、どうでしょうか。直列接続の場合と異なり、2個並列接続すれば、1個の場合と比べてランプを2倍の時間だけ点灯させることができるようになります。つまり、並列接続では、合わせた電圧の大きさは変わりませんが、乾電池の持ちを長くすることができます。

乾電池の並列接続の危険性

ただし、実際には**乾電池の並列接続は避ける**べきなのです。乾電池を2個並列接続した場合を考えましょう。

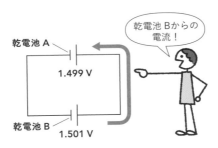

▲ 乾電池2個の並列接続

乾電池は、同じメーカの同じ型番の製品であったとしても、実際の性能が全く同じであるとはいえません。例えば、どちらの乾電池も規格上の電圧が1.5Vであったとしても、実際の製品の性能には誤差が付き物です。乾電池Aの電圧が1.499V、乾電池Bの電圧が1.501Vであったとすれば、電圧の大きい乾電池Bから、乾電池Aに電流が流れ込みます。この電流は、乾電池Aからみれば逆向きの電流なので、発熱などの危険な状態になりかねません。

- **乾電池の直列接続**：電圧は大きくなるが、乾電池の持ちは同じ。
- **乾電池の並列接続**：接続してはいけない。

13 知っておきたい基本的な電気用図記号

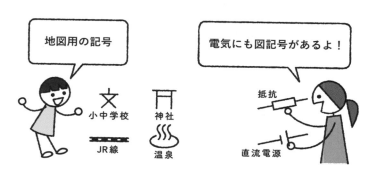

地図用の記号

小中学校　神社

JR線　温泉

電気にも図記号があるよ！

抵抗

直流電源

JISに基づく図記号

電気用の部品や配線などを表す**図記号**は、**JIS**（日本産業規格）で規定されています。第3章で解説するオペアンプなどのように、実際には、JISで規定されているのとは違う図記号が使用される場合もありますが、基本はJISの図記号なのでよく理解しておきましょう。

接地とフレーム接続

接地は、**アース**や**グラウンド**と呼ばれることもあり、電気を大地などの導体に逃がす接続を示します。**フレーム接続**は、慣用的に接地と同じ呼び方や使い方をすることも多いです。回路図に複数のフレーム接続の図記号が記されている場合は、それらがすべて電気的に接続されていると考えます。これについては、p. 43

で説明します。

直流電源	交流電源	抵抗	コンデンサ	コイル	直流電流計	交流電流計	スイッチ
—‖—	◯∿	—▭—	—‖—	⌒⌒⌒	Ⓐ	Ⓐ	\

接地	フレーム接続	信号接続	直流電圧計	交流電圧計	端子	接続する導線	接続しない導線
⏚	⌇⌇	▽	Ⓥ	Ⓥ	○—	┼	┼

接続する導線と接続しない導線

配線の図記号に**黒丸の記号**がある場合は電気的に接続されていますが、ない場合は接続されていない導線を示します。つまり、黒丸の記号の有無によって、電気的な意味が大きく異なるので注意しましょう。

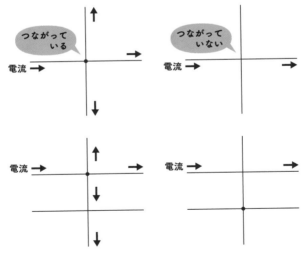

▲ 導 線 接 続 の 考 え 方

ここで紹介していない図記号については、必要に応じてその都度説明します。

2
電子回路を理解するために必要な電気の基礎

41

14 複雑な配線図をわかりやすくした回路図のみかた

回路図をみれば
接続がわかる！

回路図に
慣れよう！

プリント基板

回路図

実体配線図と回路図

電気や電子の回路の配線は、実際の部品や接続関係をイラストなどで描いた**実体配線図**で表すことができます。しかし、実体配線図は、描くのにとても手間がかかりますし、複雑な配線などの場合にたいへんわかりにくい図になってしまいます。このため、一般的には**図記号**を使った**回路図**が使われます。慣れれば、実体配線図よりも回路図のほうが回路の接続関係を容易に把握できるようになります。

乾電池とLEDの例

乾電池に発光ダイオード（LED）を接続して点灯させる回路を考えてみましょう。この回路では、乾電池とLEDに加えて、電流

をON/OFFするスイッチと、LEDに流れる電流の大きさを決めるための抵抗を各1個使用します。回路の実体配線図と回路図を示しますので、対応を比較してみてください。

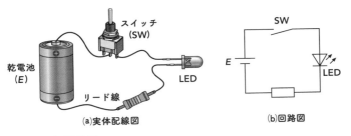

▲ LED点灯回路

回路図では、フレーム接続（グランド）や接地（アース）の図記号が使われることがよくあります。フレーム接続の図記号が複数ある場合には、それらの図記号は相互に接続されていると考えます。

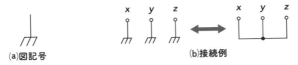

▲ フレーム接続（グランド）、接地（アース）の考え方

LED点灯回路をフレーム接続の図記号を使って表してみましょう。

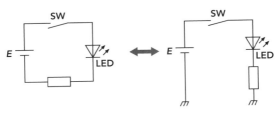

▲ フレーム接続の図記号の使用例

交流の電圧の大きさを表現する 実効値

　直流は電圧の大きさや極性が一定ですが、**交流**は時間とともに電圧の大きさが変化します。直流ならば、電圧の大きさを例えば、1.5Vなどのように簡単に表現できます。では、交流の場合はどうでしょうか。前述のように、交流は時間とともに電圧の大きさが変わっていますので、正確な電圧を表現するには、ある時間を指定してその時の電圧を示さなくてはなりません。このようにして示した電圧を**瞬時値**といいます。瞬時値は、正確な値ではありますが、扱いやすいとはいえません。このため、簡単に交流の電圧を表現したいときには、**実効値**とよばれる値がよく使用されます。実効値は、交流の電気エネルギーがする仕事が直流と同等になると考えた場合の値です。正弦波交流の場合の実効値 E は、最大値 V_m を $\sqrt{2}$ で割ることで得られます。

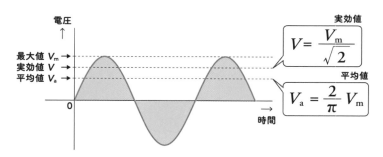

▲ 正弦波交流の実効値

　家庭用の電気コンセントの交流電圧を100Vと表現することが多いですが、これも実効値です。このため、電圧の最大値は、$\sqrt{2}$ × 100 ≒ 141.4Vです。また、最大値 V_m に2/πを掛けた値を**平均値** V_a といいます。平均値は、波形の半周期の平均的な値を示します。

3 電子回路の パーツを チェック

15 抵抗について詳しく知る!

> 電流の流れを
> 妨げるのが
> 仕事!

抵抗

電流

抵抗の種類

抵抗(resistor)は、電流の流れを妨げる働きをもった部品であり、記号に**R**、大きさの単位に**Ω**(オーム)が使われます。抵抗には、次のような種類があります。いずれの抵抗についても、+、−などの極性はありません。

- **固定抵抗**:一定の抵抗値に固定されている。
- **半固定抵抗**:抵抗値を変化させることができる(ドライバーなどの工具を使用することが多い)。
- **可変抵抗**:抵抗値を変化させることができる(工具が不要なことが多い)。

それぞれがどのような役割を持っているのか

　半固定抵抗は、電子回路の調整などのために抵抗値を変化させたあとは、あまり再変化させる必要がない箇所などに使用されます。可変抵抗は、容易に抵抗値を変化させることができるため、音量調節などのように頻繁に抵抗値を変えたい箇所に使用されています。可変抵抗は、記号に **VR**(variable resistor)が使われます。

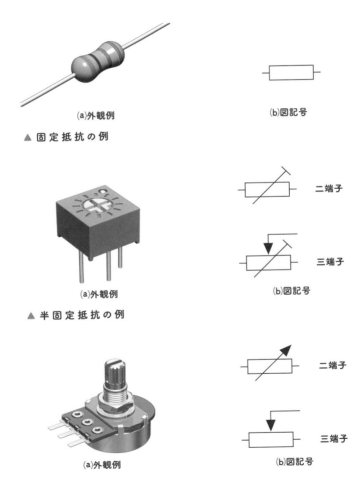

(a)外観例
(b)図記号

▲ 固定抵抗の例

二端子

三端子

(a)外観例
(b)図記号

▲ 半固定抵抗の例

二端子

三端子

(a)外観例
(b)図記号

▲ 可変抵抗の例

3

電子回路のパーツをチェック

カラーコードと数表示

抵抗の値は、**カラーコード**や**数表示**を用いて表示されます。

1. カラーコード

▼ 色と数値の対応

色	数字	10のべき乗	許容差[%]	覚え方	
黒	0	1		黒い礼服（黒0）	
茶色	1	10	±1	茶を一杯（茶1）	
赤	2	10^2	±2	赤いニンジン（赤2）	
橙	3	10^3	±0.05	第三の男（橙3）	
黄	4	10^4	±0.02	起死回生（黄4）	
緑	5	10^5	±0.5	緑はゴー（緑5）	
青	6	10^6	±0.25	青虫（青6）	
紫	7	10^7	±0.1	村さ来な（紫7）	
灰色	8	10^8	±0.01	ハイヤー（灰8）	
白	9	10^9		ホワイトクリスマス（白9）	
桃色		10^{-3}			
銀色		10^{-2}	±10		
金色		10^{-1}	±5		
無色			±20		

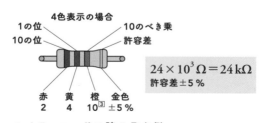

▲ カラーコードの読み取り例

2. 数表示

▼ 数表示の許容差［%］

記号	F	G	J	K	M	N	S	Z
許容差 ［%］	±1	±2	±5	±10	±20	±30	−20〜 +50	−20〜 +80

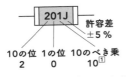

$$20 \times 10^1 \, \Omega = 200 \, \Omega$$
許容差±5 %

▲ 数表示の読み取り例

抵抗値の誤差

抵抗値には、必ず**誤差**が含まれるため、あまり細かく値を設定しても意味がありません。このため、適度な間隔で値を設定する**E24系列**などの規格があります。例えば、この規格では、表示が25 kΩの抵抗はありません。それに近い24 kΩの抵抗を選ぶことになります。

▼ E24系列

10	11	12	13	15	16	18	20	22	24	27	30
33	36	39	43	47	51	56	62	68	75	82	91

この他、抵抗に加わる電力［W］を考えて部品の選定をする必要があります。

16 電気を蓄えたり放出したりするコンデンサ

コンデンサの役割

コンデンサ(condenser)は、記号に **C**、大きさの単位に **F**(ファラド)が使われる部品です。コンデンサの大きさは、**静電容量**ともいいます。主として、次のような働きをします。

- **充電**：電気を蓄える。
- **放電**：蓄えた電気を放出する。
- **抵抗分**：直流に対しては、抵抗分が大きいために通しにくい。交流に対しては、周波数が高いほど抵抗分が小さくなり通しやすい。

コンデンサの分類

　静電容量を変化させることができるかどうかでコンデンサを分類すると、次のようになります。

- **固定コンデンサ**：一定の静電容量に固定されている。
- **半固定コンデンサ**：静電容量を変化させることができる（ドライバーなどの工具を使用することが多い）。**トリマ**ともよばれる。
- **可変コンデンサ**：静電容量を変化させることができる（工具が不要なことが多い）、**バリコン**ともよばれる。

　半固定コンデンサは、電子回路の調整などのために静電容量を変化させたあとは、あまり再変化させる必要がない箇所などに使用されます。可変コンデンサは、容易に静電容量を変化させることができるため、周波数の調節などのように頻繁に静電容量を変えたい箇所に使用されています。可変コンデンサは、記号に**VC**（variable condenser）が使われます。

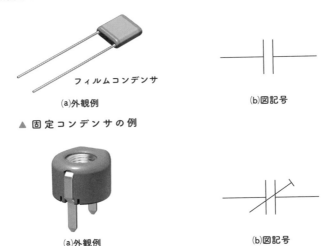

フィルムコンデンサ

(a)外観例　　　　　　　　　　　(b)図記号

▲ 固定コンデンサの例

(a)外観例　　　　　　　　　　　(b)図記号

▲ 半固定コンデンサ（トリマ）の例

(a)外観例

(b)図記号

▲ 可変コンデンサ（バリコン）の例

コンデンサをさらに分けてみてみると

　コンデンサには、いろいろな種類があり、＋、−の極性がないもの（無極性）とあるもの（有極性）があります。例えば、セラミックコンデンサには極性がありませんが、電解コンデンサには極性があります。図記号に＋がついている場合は、極性があるコンデンサです。

(a)外観例
セラミックコンデンサ（無極性）

(b)図記号

(a)外観例
電解コンデンサ（有極性）

(b)図記号

▲ コンデンサの例

コンデンサの記号と誤差

コンデンサの値は、そのまま10μFなどと部品に記されている場合もありますし、**表示記号**を用いて記されていることもあります。コンデンサを使う際には、加わる電圧以上の**定格電圧**をもった部品を選定する必要があります。

▼ 定格電圧を示す記号

記号	A	B	C	D	E	F	G	H	J	K
数値	1.0	1.25	1.6	2.0	2.5	3.15	4.0	5.0	6.3	8.0

▼ 許容差［％］を示す記号

記号	F	G	J	K	M	N	S	Z
許容差	±1	±2	±5	±10	±20	±30	−20〜+50	−20〜+80

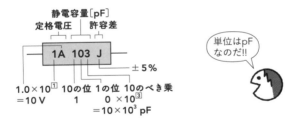

▲ 表示記号の読み取り例

抵抗値と同じように、静電容量にも、必ず**誤差**が含まれるため、**E24系列**（⑮ ▼E24系列 **参照**）などの規格が使用されます。

17 電気と磁気の橋渡しをするコイル

電気から磁気を発生します！

磁気を受けて電気を発生させることもできます！

磁気

磁気

電気 ⇨

コイル

⇨ 電気

コイルの役割

コイル(coil)は、記号に **L**、大きさの単位に **H**(ヘンリー)が使われる部品です。記号にcoilの頭文字である**C**を使わない理由には諸説あります。例えば、コンデンサの記号Cと同じになってしまうためcoilの末尾文字Lを使うという説があります。

コイルの特性に関する大きさは、<u>*インダクタンス*</u>ともよばれます。主として、次のような働きをします。

- **磁気の発生**：電気を与えると磁気を発生する。
- **電気の発生**：磁気を受けると電気を発生する。
- **抵抗分**：直流は通しやすいが、交流に対しては抵抗分が大き

いために通しにくい。交流に対しては、周波数が高いほど抵抗分が大きくなり通しにくい。

- **変成**：インピーダンスとよばれる交流に対する抵抗分の大きさを変える。
- **変圧**：交流の電圧の大きさを変える。

コイルの構造

コイルは、導線などを巻いた構造をしており、インダクタとも呼ばれます。インダクタンスを大きくするために、磁性体材料でつくった**磁心**に導線などを巻き付けた、**磁心入りインダクタ**とよばれるコイルもあります。

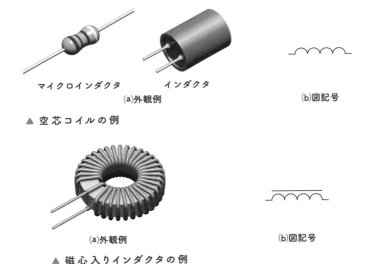

マイクロインダクタ　　　インダクタ
(a)外観例　　　　　　　　　(b)図記号

▲ 空芯コイルの例

(a)外観例　　　　　　　(b)図記号

▲ 磁心入りインダクタの例

インダクタンスの変化

インダクタンスを変化させることができるかどうかでコイルを分類すると、次のようになります。

- **固定コイル**：一定のインダクタンスに固定されている。

3

電子回路のパーツをチェック

- **半固定コイル**：インダクタンスを変化させることができる（ドライバーなどの工具を使用することが多い）。**半固定インダクタ**ともよばれる。
- **可変コイル**：インダクタンスを変化させることができる（工具が不要なことが多い）。**μ同調コイル**ともよばれる。

　インダクタンスを変化させるためには、コイルの巻き数を変えるか、コイル内の磁心の位置や材質を変える必要があります。このうち現実的なのは、磁心の位置を変えることです。半固定コイルと可変コイルは、磁心の位置を調整することでインダクタンスの大きさを変えるのが一般的です。

回すことで
位置を変える

(a)外観例

(b)図記号

▲ 半固定インダクタの例

磁気の極性

　コイルには、いろいろな種類があり、＋、－の極性はありません。ただし、用いる回路によっては、導線が巻かれている向きに注意して使用しなければならないことがあります。これは、巻かれている向きによって発生する磁気の極性（N、S）などが変わるからです。

　コイルには、巻き線の途中から配線を取り出しているものがあります。この配線を**タップ**といいます。

▲ タップ付きコイルの図記号の例

コイルの値

コイルの値は、そのまま10μHなどと部品に記されている場合があります。また、抵抗と同じ**カラーコード**(⑮▲カラーコードの読み取り例（参照））や**数表示**(⑮▲数表示の読み取り例（参照））が用いられることもあります。カラーコードや数表示の場合には、単位としてμH(マイクロヘンリー)を用いるのが一般的です。

複数のコイルを組み合わせたトランス

トランスは、複数のコイルを組み合わせて構成した部品です。電磁誘導(磁気の変化によって、コイルに電流が生じる現象)の原理を応用して、一次側と二次側の交流電圧を変化させることなどができます。電圧を変えるトランスを**変圧器**、インピーダンスを変えるトランスを**変成器**といいます。

(a)外観例

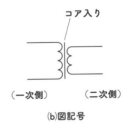

コア入り

（一次側） （二次側）

(b)図記号

▲ トランスの例

18 こんなにあったのか！ 電池の種類

スマートフォン、タブレットPC

太陽電池

リチウム電池（一次電池）

リチウムイオン二次電池

充電できない電池とできる電池

電池は、電子回路などを動作させるための電源として直流を供給する部品です。電池は、**一次電池**と**二次電池**に分類できます。

(a)一次電池（リチウム電池）

(b)二次電池（リチウムイオン二次電池）

▲ 電池の外観例

- **一次電池**：使い切った後は、再利用できない電池。
- **二次電池**：使い切っても充電することで再利用できる電池。

▼ 主な電池の例

分類	名称	電圧[V]	特徴など
一次電池	マンガン乾電池	1.5	安価
	アルカリマンガン乾電池	1.5	マンガン乾電池の2倍以上の寿命
	リチウム電池	3.0	長い期間使用可能
二次電池	鉛蓄電池	2.0/セル	大電流可能
	ニッケル水素蓄電池	1.2	寿命が長い
	リチウムイオン二次電池	3.7	軽量だが高出力

環境にやさしい電池

　他に、環境にやさしい電池として、**太陽電池**や**燃料電池**などがあります。

- **太陽電池**：半導体（⑲ 参照）を用いて、光を電気エネルギーにする電池。
- **燃料電池**：水素と酸素を化学反応させて、電気エネルギーを得る電池。

　電池は、エネルギーを蓄えている部品であるために正しく扱うことが特に大切です。

〈電池の扱い方〉

- ＋極と－極をショート（短絡）させない。
- 分解しない。
- 長期間の使用による液漏れに注意する。
- 廃棄方法に注意する（市町村などの指示に従う）。

19 抵抗が大でも小でもない半導体

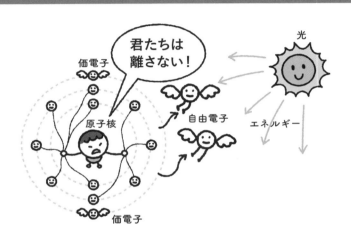

物質と電流の関係

物質は、電流の流れやすさで次のように分類できます。

- **導　体**：抵抗が小さく、電流を流しやすい物質。
- **絶縁体**：抵抗が大きく、ほとんど電流を流さない物質。
- **半導体**：導体と絶縁体の中間程度の抵抗をもち、少しだけ電流を流す物質。

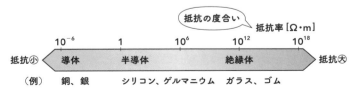

▲ 物質の抵抗

物質のしくみから電流との関係を理解する

すべての物質は**原子**でできています。物質が電流を流しやすいかどうかは、物質を構成する原子の性質によって決まります。原子は、**原子核**とそのまわりにあるいくつかの**電子**によって構成されています。

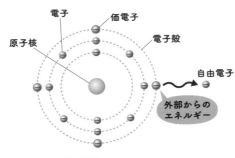

電子　価電子

原子核　電子殻

自由電子

外部からの
エネルギー

▲ 原子の構成例

電子は、**電子殻**といういくつかの軌道に分かれて存在しています。また、最も外側の軌道にある電子を**価電子**といいます。原子核に近い軌道にある電子は、原子核との結合が強いため軌道を離れるのが困難です。しかし、価電子は、原子核から遠くにあるため、外部からの熱や光などのエネルギーを受けると、軌道から離れて移動することができます。このような電子を**自由電子**といいます。

電子の移動は、すなわち電流の流れです。つまり、物質中の自由電子が多いほど、電流が流れやすいことになります。ただし、電流の流れる向きは、電子の移動の向きとは反対だと考えます（⑦ **参照**）。

トランジスタやFET（電界効果トランジスタ）など、電子回路の主役ともいえる**能動素子**は、**半導体**を活用してつくられています。

正孔　キャリア　p形半導体　n形半導体

20 半導体は真性半導体と不純物半導体の2種類に分けられる

純度 99.999 999 999 9 % よ！

純度は高くないけど、電子回路の主役だよ！

真性半導体

半 P 形 導 体

B

半 n 形 導 体

As

不純物半導体

共有結合で結びついている半導体

半 導体であるシリコン(Si)原子が集まった**単結晶**について考えましょう。シリコン原子は、4個の**価電子**(最も外側の

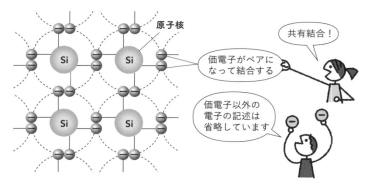

原子核

Si Si

Si Si

共有結合！

価電子がペアになって結合する

価電子以外の電子の記述は省略しています

▲ シリコン原子の共有結合

電子殻にある電子)をもっており、これらはそれぞれ隣接する原子の価電子とペアになって安定した状態になります。これを**共有結合**といいます。

半導体は、次の2種類に分類できます。

- **真性半導体**：単結晶の純度を高めた半導体。
- **不純物半導体**：真性半導体に不純物を入れた半導体。

高純度の真性半導体

真性半導体は、シリコン(Si)やゲルマニウム(Ge)などの半導体から、不純物をできるだけ取り除き、高純度にした物質です。例えば、シリコンの純度を99.999 999 999 9%(9が12個並ぶのでtwelve nineとよばれる)にした真性半導体があります。真性半導体に、外部エネルギーが加わると、次のような変化が生じます。

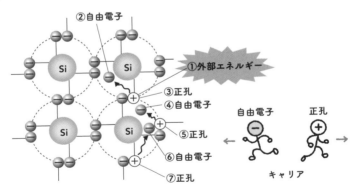

▲ 真性半導体の自由電子と正孔

①外部エネルギーが加わる。

②一部の価電子が、軌道を飛びだして自由電子になる。

③価電子が抜けた場所は、正の電荷をもつ**正孔(ホール)**とよばれる領域になる。

④正孔の電荷に引きつけられて、付近の価電子が自由電子になる。

⑤ ④の価電子が抜けた場所は、正孔になる。

⑥さらに⑤の正孔に引きつけられて、付近の価電子が自由電子になる。

⑦ ⑥の価電子が抜けた場所は、正孔になる。

このように、⑥と⑦が繰り返されることで、自由電子や正孔が移動するため、電流の流れが生じます。真性半導体では、自由電子と正孔が電流を流す担い手である**キャリア**として働きます。

p形半導体

不純物半導体は、シリコン（Si）などの真性半導体に、ホウ素（B）などを不純物として加えた物質です。ホウ素の価電子は3個なので、共有結合をする際に価電子が1個足りなくなります。このため、外部エネルギーを与えなくても、正孔があちらこちらに生じた状態になっています。これらの正孔が、主として電流を流す担い手である**多数キャリア**として働きます。また、この不純物半導体には、少しの自由電子も存在しており、これが一部の電流を流す**少数キャリア**として働きます。多数キャリアが正孔である不純物半導体を**p形半導体**といいます。

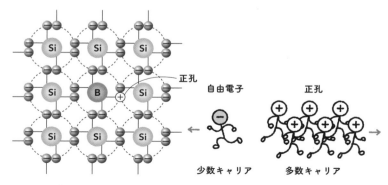

▲ 不純物半導体（p形半導体）

64

n形半導体

　真性半導体に、ホウ素（B）の代わりにヒ素（As）を不純物として加えた物質を考えましょう。ヒ素の価電子は5個なので、共有結合をする際に価電子が1個余ります。このため、外部エネルギーを与えなくても、自由電子があちらこちらに生じた状態になっています。これらの自由電子が、**多数キャリア**として働きます。また、少しだけ存在する正孔が**少数キャリア**として働きます。多数キャリアが自由電子である不純物半導体を**n形半導体**といいます。

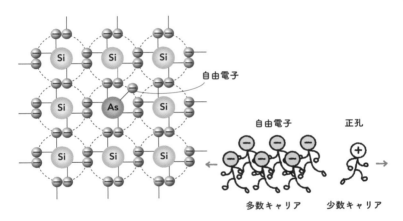

自由電子

自由電子　　　　　　　正孔

多数キャリア　　　　　少数キャリア

▲ 不純物半導体（n形半導体）

不純物の名称

混入する不純物を次のようによびます。

- **アクセプタ**：p形半導体をつくるために混入する価電子が3個の原子。ホウ素（B）、ガリウム（Ga）、インジウム（In）など。
- **ドナー**：n形半導体をつくるために混入する価電子が5個の原子。ヒ素（As）、リン（P）、アンチモン（Sb）など。

21 2つの半導体をくっつけた ダイオードのしくみ

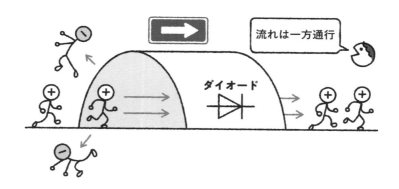

2種類の不純物半導体を接続

不純物半導体である**p形半導体**と**n形半導体**を接続した**pn接合**を考えましょう。pn接合は、**ダイオード**ともよばれ

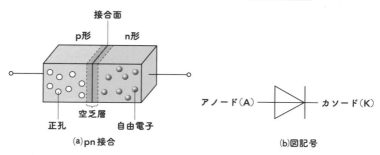

(a)pn接合

(b)図記号

▲ ダイオード

ます。そして、ダイオードのp形半導体側の電極を**アノード**(A)、n形半導体側の電極を**カソード**(K)といいます

順方向電圧と順方向電流

p形半導体の多数キャリアは**正孔**(ホール)、n形半導体の多数キャリアは**自由電子**です。pn接合の接合面付近では、正の電荷をもった正孔と負の電荷をもった自由電子が結合して消滅します。この結果、正孔や自由電子が存在しない**空乏層**とよばれる領域が生じます。

ダイオードのアノードに＋、カソードに－の電圧を加えてみましょう。このような接続を、**順方向電圧**といいます。

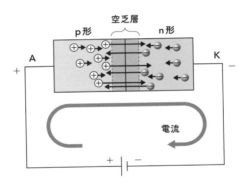

▲ 順 方 向 電 圧

3
電子回路のパーツをチェック

すると、p形半導体中の正孔は、アノードの＋電荷に反発して空乏層を飛び越えてn形半導体領域に到達し、自由電子と結合して消滅します。また、n形半導体中の自由電子は、カソードの－電荷に反発して空乏層を飛び越えてp形半導体領域に到達し、正孔と結合して消滅します。このような多数キャリアの移動により、ダイオード内ではアノードからカソードに向けて電流が流れます。これを**順方向電流**といいます。

逆方向電圧と逆方向電流

　さて、先ほどとは逆に、ダイオードのアノードに−、カソードに＋の電圧を加えてみましょう。このような接続を、**逆方向電圧**といいます。

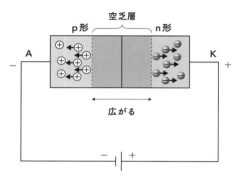

▲ 逆方向電圧

　すると、p形半導体中の正孔は、アノードの−電荷に吸引されてアノード側に移動します。また、n形半導体中の自由電子は、カソードの＋電荷に吸引されてカソード側に移動します。このため、空乏層が広がります。ダイオード内では、多数キャリアによる電流の流れは生じません。ただし、逆方向電圧を加えた場合でも、少数キャリアの移動により、極めてわずかな**逆方向電流**は流れます。

　ダイオードは、一方通行にしか電流を流さない性質（**整流作用**）を持った電子部品として活用されています。

- **順方向電圧**：電流が流れる。
- **逆方向電圧**：電流が流れない。

電圧を少しずつ大きくしたときのダイオードの特性

　ダイオードの特性をもう少し詳しくみてみましょう。ダイオードに加える**順方向電圧**を0Vから少しずつ大きくしていきます。すると、順方向電圧を加えているにもかかわらず、しばらく順方向電流は流れません（下図①）。これは、順方向電圧が小さいので、多数キャリアが空乏層を飛び越えるエネルギーを得られないからです。順方向電圧をさらに大きくしていくと、急に大きな順方向電流が流れ始めます。この境界の電圧は、シリコンダイードでは、約0.6Vです。

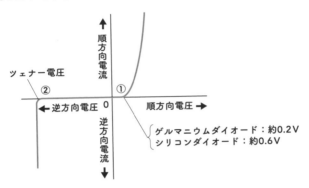

▲ ダイオードの特性

　次に、ダイオードに加える**逆方向電圧**を0Vから少しずつ負の方向に大きくしていきます。すると、しばらく逆方向電流は流れません。これは、逆方向電圧を加えているのですから当然ですね。しかし、逆方向電圧をさらに大きくしていくと、ある電圧で急に大きな逆方向電流が流れます（上図②）。この境界の電圧を、**ツェナー電圧**といいます。ダイオードの整流作用を活用する場合には、ツェナー電圧に至るまでの範囲で使用する必要があります。

22 ダイオードが果たす役割

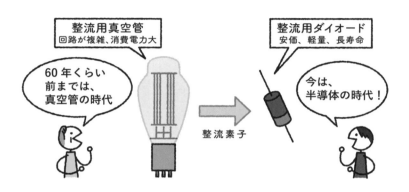

整流用真空管
回路が複雑、消費電力大

整流用ダイオード
安価、軽量、長寿命

60年くらい
前までは、
真空管の時代

整流素子

今は、
半導体の時代！

整流用と検波用

ダイオードには、多くの種類や用途があります。ここでは、整流用と検波用のダイオードについて説明します。

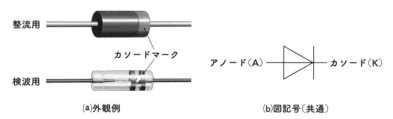

整流用

カソードマーク

検波用

アノード（A）　　　　　　　　カソード（K）

(a)外観例

(b)図記号（共通）

▲ ダイオード

- **整流**：交流を直流に変換すること。
- **検波**：高い周波数（高周波）の信号から、低い周波数（低周波）の信号を取り出すこと。

整流用ダイオード

例えば、家庭の電気コンセントからは交流が得られますが、パソコンは直流で動作します。このため、電気コンセントから得られる電気を使う場合は、交流を直流に変換すること、すなわち**整流**することが必要になります。

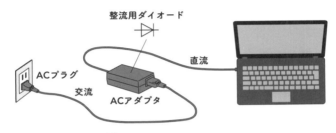

整流用ダイオード

直流

ACプラグ

交流

ACアダプタ

▲ 整流が必要な例

この例では、ACアダプタの中で整流用ダイオードが活躍しています。ACアダプタは、整流に加えて**変圧**という機能も担っています。整流回路については、Chapter 4で説明します。

検波用ダイオード

例えば、ラジオ放送では、音声信号を電波にのせて送信しています。放送を聞く際には、ラジオ受信機を使って、受信した電波から音声信号を取り出す必要があります。電波は高周波信号であり、音声は低周波信号です。このように、高周波信号から、低周波信号を取り出すことを**検波**または、**復調**といいます。検波用ダイオードは、検波の仕事をしてくれます。検波用には、**点接触ダイオード**とよばれる種類がよく用いられます。復調回路については、Chapter 4で説明します。

23 他にもまだある いろいろなダイオード

電圧を一定に保ちます

5V ピタッ!

電圧

定電圧ダイオード

電気的に制御できる
可変コンデンサです

コンデンサ

可変容量ダイオード

定電圧と可変容量

こ こでは、整流、検波以外の用途で使用する2種類のダイ
オードについて説明します。

- **定電圧ダイオード**：電圧を一定値に保つ働きをする、**ツェ
ナーダイオード**ともいう。
- **可変容量ダイオード**：静電容量をもち、コンデンサとしての
働きをする、**バリキャップ**ともいう。

定電圧ダイオード

　前に説明したダイオードの特性(㉑ ▲ダイオードの特性 **参照**)について確認しましょう。ダイオードに加える**逆方向電圧**を0Vから少しずつ負の方向に大きくしていきます。しばらくは逆方向電流が流れません。しかし、ある電圧で急に大きな逆方向電流が流れます。これを**降伏現象**といい、このときの電圧を、**ツェナー電圧（降伏電圧）**といいます。

　降伏現象が生じている際は、ダイオードに大きな逆電流が流れています。さらに、そのときは電流の大きさが変化したとしても、ツェナー電圧はダイオードによって定まる、ある一定の値を保ちます。定電圧ダイオードは、この性質を活用するダイオードです。つまり、一定の電圧を保ちながら、電流を流す働きをします。

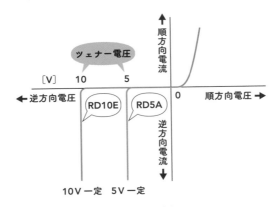

▲ 定電圧ダイオードの特性例

　例えば、RD5Aという型番の定電圧ダイオードは、5Vの電圧を保ちながら、広い範囲の電流を流すことができます。

(a)外観例　　　　　　　　　(b)図記号

▲ 定電圧ダイオード

可変容量ダイオード

コンデンサは、静電容量（単位[F]）という値をもち、電気を蓄えたり、直流や低い周波数の交流の流れを妨げたりする働きをする部品です（⑯ 参照）。コンデンサの基本ともいえる**平行板コンデンサ**は、2枚の金属板を平行に配置した構造をしており、金属板の間に電気を蓄えます。

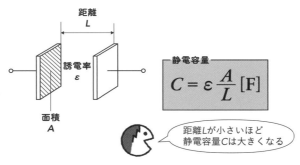

距離
L

誘電率
ε

面積
A

静電容量

$$C = \varepsilon \frac{A}{L} \, [\mathrm{F}]$$

距離Lが小さいほど
静電容量Cは大きくなる

▲ 平 行 板 コ ン デ ン サ の 構 造

平行板コンデンサの静電容量 $C[\mathrm{F}]$ は、金属板の面積 $A[\mathrm{m}^2]$、金属板の距離 $L[\mathrm{m}]$、誘電率 $\varepsilon\,[\mathrm{F/m}]$ で決まります。誘電率は、金属板の間にある物質によって決まる値です。ここで注目してもらいたいのは、静電容量が、金属板の距離によって決まることです。

さて、前に学んだpn接合について確認しましょう（㉑ 参照）。pn接合に逆方向電圧を加えた場合は、p形半導体の多数キャリアである正孔とn形半導体の多数キャリアである自由電子がそれぞれの電極側に移動するため、接合面の**空乏層**の幅が広がりました。このときのpn接合と平行板コンデンサの構造を重ね合わせて考えてみましょう。pn接合では、金属板に挟まれた空乏層が存在していると考えられます。つまり、逆方向電圧を加えたpn接合は、コンデンサの性質を持っていると捉えることができます。

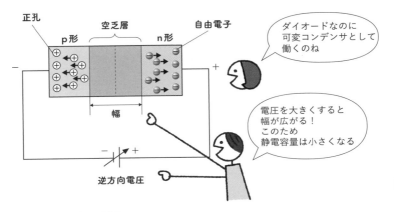

▲ 空乏層の幅を制御

　平行板コンデンサの静電容量は、電極の距離によって変化します。一方、pn接合の空乏層の広がる幅は、加える逆方向電圧が大きいほど広くなります。言いかえると、加える逆方向電圧の大きさを調整することで空乏層の幅（電極の距離）を制御できます。つまり、加える逆方向電圧の大きさを調整することで、静電容量を変えられるコンデンサとして使用できるのです。これが、可変容量ダイオードの原理です。可変容量ダイオードは、電気的に静電容量を制御できる便利な電子部品として活用されています。

(a)外観例　　　　　　　　　　(b)図記号

▲ 可変容量ダイオード

カリウムヒ素　カリウムリン　青色LED

24 半導体の混ぜものを 変えることで光る 発光ダイオード（LED）

⊖自由電子と、⊕正孔が結合して 消滅するときに光を出します！

LED

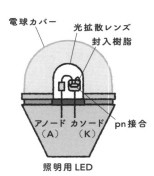

電球カバー　光拡散レンズ
封入樹脂

アノード カソード pn接合
（A）　　（K）

照明用LED

光る半導体

シ リコン（Si）やゲルマニウム（Ge）のかわりに、ガリウムヒ素（GaAs）やガリウムリン（GaP）などの半導体を用いてpn接合をつくって順方向電流を流すと接合面から光を放出します。また、使用する半導体の材料によって、光の色が変わります。例

A

K

(a)外観例

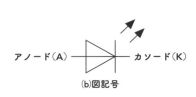

アノード（A）　カソード（K）

(b)図記号

▲ 発光ダイオード

えば、ガリウムヒ素（GaAs）は赤色、ガリウムリン（GaP）は緑色、窒化インジウムガリウム（InGaN）は青色の光を放出します。この原理を使った電子部品を**発光ダイオード**（**LED**: light emitting diode）といいます。

　かつて、**青色LED**の開発は不可能だともいわれていましたが、1993年に日本人の研究者によって高輝度で発光する青色LEDが開発されました。この功績により、赤崎、天野、中村の３氏が2014年にノーベル物理学賞を受賞しています。青色LEDの技術を応用した青色レーザは、ブルーレイ（Blu-ray）装置などにも使用されています（59 参照）。

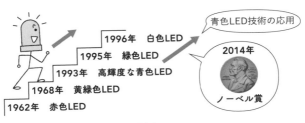

　1996年　白色LED
　1995年　緑色LED
　1993年　高輝度な青色LED
　1968年　黄緑色LED
　1962年　赤色LED

青色LED技術の応用

2014年

ノーベル賞

▲ 発光ダイオード開発の歴史

LEDの特徴

　LEDは、表示灯、信号機、照明器具など広い用途で使用されています。照明器具として従来から使用されている白熱電球や蛍光灯と比べると、LEDは長寿命、低消費電力などの長所があります。LEDの寿命には、pn接合を覆っている樹脂の劣化が大きく影響します。例えば、シリコン系樹脂を用いたLEDは、白熱電球の40倍ほどの寿命があるといわれています。

　現在、LEDは蛍光灯より製品価格が高めですが、長所が多いためにLED照明の採用が急速に広がっています。照明器具としては、白色がよく使用されますが、高性能な白色LEDはまだ開発されていません。このため、青色、赤色、緑色のLEDを組み合わせて白色をつくる方法などが用いられています。

25 トランジスタでは電子がどんなことをしている?

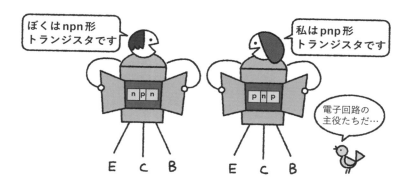

ぼくはnpn形
トランジスタです

私はpnp形
トランジスタです

電子回路の
主役たちだ…

3層構造のトランジスタ

p形半導体と**n形半導体**をサンドイッチ状の三層に接続した電子部品を**トランジスタ**といいます。トランジスタには、**エミッタ(E)**、**コレクタ(C)**、**ベース(B)**の電極があります。

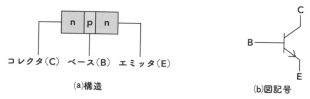

コレクタ(C)　ベース(B)　エミッタ(E)

(a)構造

(b)図記号

▲ n p n 形トランジスタ

トランジスタに、2個の電源 E_1 と E_2 を接続します。このときの動作をエミッタ側のn形半導体の多数キャリアである自由電子に注目して考えましょう。この自由電子は、次の①〜③の振る舞いをします。

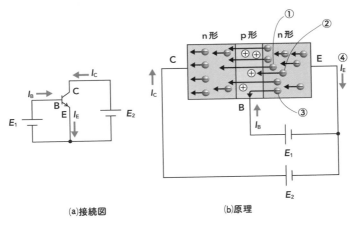

(a)接続図　　　　(b)原理

▲ トランジスタの動作

①エミッタ側の自由電子のほとんどは、非常に薄くつくられているp形半導体領域を超えてコレクタ側のn形半導体に到達します。これらの自由電子の流れは、**コレクタ電流 I_C** になります。

②エミッタ側の一部の自由電子は、p形半導体の正孔と結合して消滅します。

③エミッタ側の自由電子の一部は、p形半導体に接続されているベースに取り込まれて、**ベース電流 I_B** になります。

④コレクタ電流 I_C とベース電流 I_B の和は、**エミッタ電流 I_E** になります。

これらの動作から、次のことがわかります。

- I_C、I_B の関係：$I_C \gg I_B$ （①、③）
- I_C、I_B、I_E の関係：$I_E = I_C + I_B$ （④）

npn形とpnp形

　トランジスタは、自由電子と正孔の2つの多数キャリアの作用によって動作するので、**バイポーラトランジスタ**ともよばれます。バイ(bi)には2つ、ポーラ(polar)には極という意味があります。これに対して、FET(電界効果トランジスタ)(㉗ 参照)は、**ユニポーラトランジスタ**ともよばれます。ユニ(uni)には単一という意味があります。

　これまで図示したように、不純物半導体をn形—p形—n形に接続したトランジスタを**npn形**といいます。また、不純物半導体をp形—n形—p形のように接続したトランジスタを**pnp形**といいます。

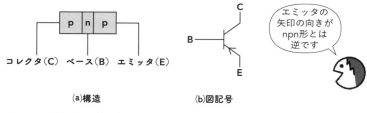

コレクタ(C)　ベース(B)　エミッタ(E)

(a)構造　　　　　　　　　(b)図記号

エミッタの
矢印の向きが
npn形とは
逆です

▲ pnp形トランジスタ

　pnp形トランジスタの動作は、前に説明したnpn形トランジスタの自由電子と正孔を入れ替えて考えます。また、接続する2個の電源 E_1、E_2 の極性を逆にします。このとき、各電極に流れる電流 I_C、I_B、I_E の向きもすべて逆になります。

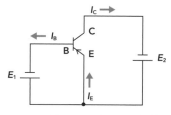

▲ pnp形トランジスタの接続

市販されているトランジスタには、2SC1815Aなどのような
型番が付けられています。

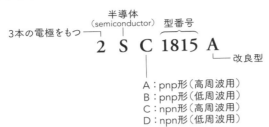

3本の電極をもつ　半導体（semiconductor）　型番号

$$2 \quad S \quad C \quad 1815 \quad A$$

改良型

A：pnp形（高周波用）
B：pnp形（低周波用）
C：npn形（高周波用）
D：npn形（低周波用）

▲トランジスタの型番例

トランジスタには、いろいろな形状があり、どの電極（ピン）が
エミッタ、コレクタ、ベースに対応するかは製品によって異なりま
す。電極を特定するためには、規格表で確認することが必要です。

▲トランジスタの外観例

トランジスタの発明

トランジスタは、1948年にアメリカのベル研究所にいた、
ショックレー博士らによって発明されました。かつては、電気信
号の増幅をするために真空管が使用されていました。しかし、小
型、低消費電力、長寿命などの長所をもったトランジスタの登場
によって、電子回路の分野は飛躍的な進歩を遂げることになりま
した。ショックレー博士らは、1956年にこの業績によってノー
ベル物理学賞を受賞しています。

26 トランジスタの役割を知ろう!

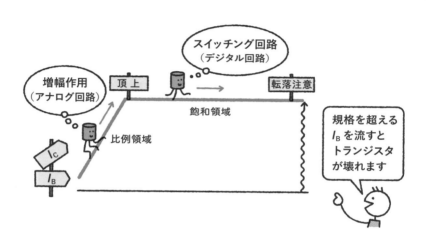

増幅作用とスイッチング作用

トランジスタの主な役割は、**増幅作用**と**スイッチング作用**です。トランジスタに電源を接続し、**ベース電流 I_B** を徐々に

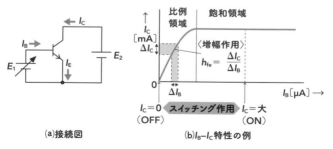

$$h_{fe} = \frac{\Delta I_C}{\Delta I_B}$$

(a)接続図　　(b)I_B–I_C特性の例

▲ トランジスタの特性

大きくした場合の**コレクタ電流I_C**の変化をみてみましょう。

　ベース電流I_Bを0から大きくしていくと、それに伴ってコレクタ電流I_Cも増えていきます。この関係が成り立つ範囲を**比例領域**といいます。ここで、I_Bは入力電流、I_Cは出力電流と考えられます。また、この例ではI_B[μA]とI_C[mA]の値は、単位の規模が1 000倍違います（μA ≪ mA）。つまり、入力電流I_Bがわずかに増加した場合でも、出力電流I_Cはたいへん大きく増加することになります。これが、トランジスタの**増幅作用**です。また、I_Bの変化に対するI_Cの変化の割合を**電流増幅率**h_{fe}といいます。

　ベース電流I_Bをさらに大きくしても、比例領域を超えるとコレクタ電流I_Cは変化せず一定の大きさになります。この範囲を**飽和領域**といいます。飽和領域では、次の関係が成り立ちます。

- **I_Bを流さない：I_Cは流れない（$I_C=0$）。**
- **I_Bを流す：一定値の大きなI_Cが流れる。**

　この関係は、I_Bに小さな電流を流すか否かで、I_Cに電流を流すかどうかを決められることを示しています。つまり、ベース電流I_Bによってコレクタ―エミッタ間に流れる電流をON/OFF制御するスイッチとみなすことができます。これが、トランジスタの**スイッチング作用**です。この作用を用いれば、機械式スイッチに比べて、機械的な接触のない、かつ高速に動作する電子的なスイッチが実現できます。

　増幅作用は主として**アナログ回路**、スイッチング作用は主として**デジタル回路**で活用されています。

半導体部品

27 電界効果トランジスタ（FET）はどういうしくみなんだろう？

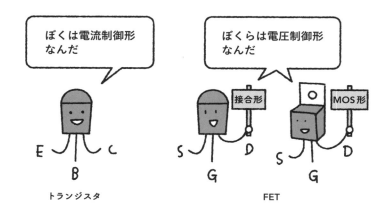

ぼくは電流制御形なんだ

トランジスタ

ぼくらは電圧制御形なんだ

接合形 MOS形

FET

トランジスタの代わりに使われる電界効果トランジスタ

電界効果トランジスタは、**FET**（field-effect transistor）ともよばれる能動素子です。現在のFETは、高性能化が進み、低消費電力や雑音の影響を受けにくいなど多くの長所があるため、トランジスタ（㉕ 参照）に代わっていろいろな電子回路で広く使用されています。FETは、構造によって、接合形とMOS形に分類できます。どちらのFETも**ソース（S）**、**ドレーン（D）**、**ゲート（G）**の電極を持っています。

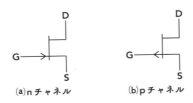

(a)nチャネル   (b)pチャネル

▲ 接合形FETの図記号

　接合形FETに、2個の電源 E_1 と E_2 を接続します。このとき、ゲート―ソース間には、逆電圧 E_1 が加わっているので、pn接合面に空乏層が生じます。

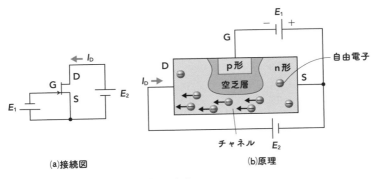

(a)接続図   (b)原理

▲ 接合形FET（nチャネル）の動作

　ドレーン―ソース間では、n形半導体中の多数キャリアである自由電子が空乏層の生じていない領域を通過してドレーン側に移動するため、**ドレーン電流 I_D** が流れます。この際の自由電子の通路を**チャネル**といいます。空乏層の大きさは、ゲートに加える逆電圧 E_1 の値で決まります。つまり、ゲート電圧の値によって、ドレーン電流を制御できるのです。

　ゲートには逆電圧を加えているために、ゲート電流は流れません。これは、FETの入力側の抵抗分がたいへん大きいと考えることができ、FETの長所のひとつになっています。

トランジスタはベース電流によってコレクタ電流を制御する**電流制御形**ですが、FETはゲート電圧でドレーン電流を制御する**電圧制御形**の電子部品です。また、ドレーン電流は、1種類の多数キャリア(nチャネルでは自由電子)の作用によって流れるので、FETを**ユニポーラトランジスタ**ともいいます。

　接合形FET(pチャネル)では、nチャネルのn形半導体とp形半導体を入れ替えて考えます。また、接続する2個の電源 E_1、E_2 の極性を逆にします。このとき、電流 I_D の向きも逆になります。

MOS形FET

　MOS(metal oxide semiconductor)形は、半導体の表面に酸化物を用いた絶縁膜をつけた構造をしているFETです。IC(集積回路)化に向いており、接合形よりさらに低消費電力などの長所があるため、広く使用されています。

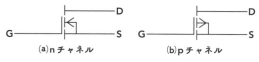

(a)nチャネル　　　　　　(b)pチャネル

▲ **MOS形FETの図記号(エンハンスメント形)**

　MOS形FET(nチャネル)に、2個の電源 E_1 と E_2 を接続します。ゲートに加えた正の電圧によって、p形半導体中の少数キャリアである自由電子がゲートに引き寄せられて**チャネル**をつくります。このチャネルを通って、ドレーン—ソース間に**ドレーン電流 I_D** が流れます。MOS形FTEも接合型FETと同様に、ゲート電圧の値によって、ドレーン電流を制御できます。ここでは、エンハンスメント形FETを用いました。デプレション形FET(㉘デプレション形とエンハンスメント形 参照)では、製造時にチャネルを形成してあるため、負のゲート電圧でも動作します。

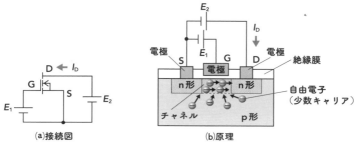

▲ MOS形FET（nチャネル）の動作

市販のFET

市販されているFETには、2SK2232Aなどのような型番が付けられています。

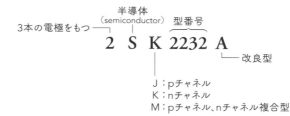

▲ FETの型番例

FETには、いろいろな形状があり、どの電極（ピン）がソース、ドレーン、ゲートに対応するかは製品によって異なります。電極を特定するためには、規格表で確認することが必要です。

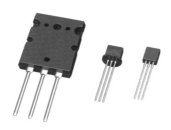

▲ FETの外観例

28 電界効果トランジスタ（FET）はどんな特徴があるんだろう？

もう少し、ぼくのことを知ってください

FET

S　　　　D

G

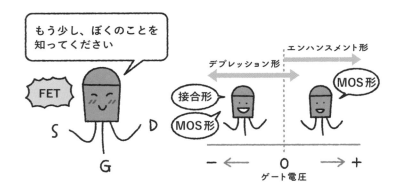

デプレション形

エンハンスメント形

接合形

MOS形

MOS形

−　←　0　→　+

ゲート電圧

FETのインピーダンス

FETの主な役割は、トランジスタと同様に**増幅作用**と**スイッチング作用**です。回路におけるトランジスタやFETの入力側または、出力側からみた部品の**インピーダンス**について考えてみましょう。インピーダンスとは、交流信号が回路や素子を通過するときに受ける抵抗の合成値のことで、単位にはΩを使います。

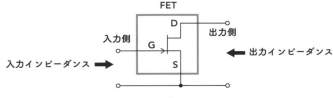

FET

D　　　出力側

入力側　G

S

入力インピーダンス ➡　　　　　　⬅ 出力インピーダンス

▲ 入力側と出力側のインピーダンス

例えば、図の接合形FET（nチャネル）の入力側に回路Aを接続するとします。この時、電気のエネルギーが無駄なく回路AからFETに伝わるには、回路Aの出力インピーダンスとFETの入力インピーダンスが同じ値になることが理想です。インピーダンスを同じにすることを**インピーダンス整合**といいます。

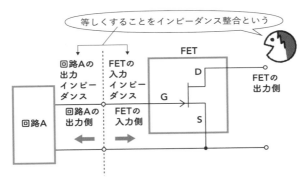

▲ インピーダンス整合

高周波回路と低周波回路それぞれのインピーダンス整合

　エネルギーの損失が大きい高周波回路では、インピーダンス整合が特に大切になります。テレビなどのアンテナケーブルにインピーダンス（50Ωや60Ω）が定められているのも、インピーダンス整合のためです。しかし、インピーダンス整合をした回路を設計するのは簡単ではありません。このため、エネルギーの損失が少ない低周波回路では、インピーダンス整合を簡略的に考えま

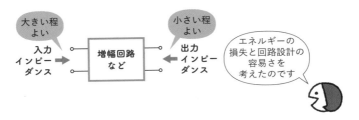

▲ 低周波回路での考え方

す。この場合は、回路の入力側のインピーダンスを大きく、出力インピーダンスを小さくすると効率がよくなります。

　FETの入力インピーダンスは、トランジスタに比べると非常に大きい値になります。この点は、FETの大切な長所のひとつであると考えられます。

デプレション形とエンハンスメント形

　これまでは、主としてFET（nチャネル）のゲートに負の電圧を加える場合を説明してきました。より正確にいうと、FETは、ゲートに加える電圧によって2つの形式に分類できます。

- **デプレション形**：接合形FET（nチャネル）のゲートに負の電圧を加える（㉗ ▲接合形FET（nチャネル）の動作 **参照** ）。MOS形FETは、負または正の電圧を加える。
- **エンハンスメント形**：MOS形FET（nチャネル）のゲートに正の電圧を加える。

※Pチャネルのときは、それぞれ加える電圧の正負が逆になります。

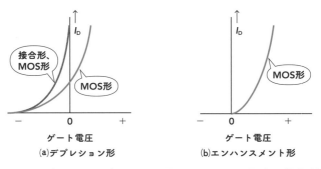

（a）デプレション形　　　（b）エンハンスメント形

▲ FET（nチャネル）のゲート電圧―ドレーン電流の特性例

接合形FETはデプレション形だけですが、MOS形FETにはどちらの形も存在します。どちらの形であるかは、図記号で区別できます。

G———D
S

nチャネル
pチャネル
(a)デプレション形

nチャネル
pチャネル
(b)エンハンスメント形

▲ MOS形FETの図記号

トランジスタのまとめ

トランジスタ（バイポーラトランジスタ）と電界効果トランジスタ（FET、ユニポーラトランジスタ）には、どちらもトランジスタという用語がつきます。単にトランジスタと言った場合は、バイポーラトランジスタを指すのが一般的です。

また、近年は、電子部品のIC（集積回路）化や小型化が進んでいます。IC化せずに単体の部品として使用する場合でも、基板に装着する**チップ形**とよばれる小型形状の部品が使われることが多くなっています。抵抗やコンデンサについても、チップ形の採用が増えています。

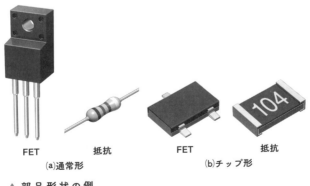

FET　　　抵抗　　　FET　　　抵抗
(a)通常形　　　　　(b)チップ形

▲ 部品形状の例

29 ダイオード＋スイッチで サイリスタ!?

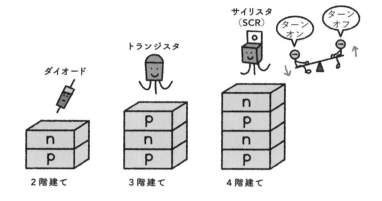

サイリスタの働き

サイリスタは、ダイオードにスイッチ機能を加えたような働きをする電子部品であり、SCR、GTO、トライアックなどの種類があります。

- **SCR**：一方向性逆阻止三端子サイリスタ
- **GTO**：一方向性ゲートターンオフサイリスタ
- **トライアック**：二方向性三端子サイリスタ

SCR

SCRは、サイリスタの代表例です。電極は、ダイオードのように**アノード**(A)と**カソード**(K)がありますが、加えて**ゲート(G)**もあります。

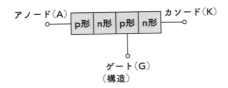

ゲート(G)
（構造）

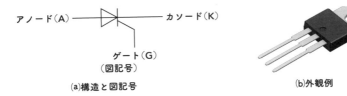

ゲート(G)
（図記号）

(a)構造と図記号

(b)外観例

▲ SCR

SCRのアノード―カソード間に順方向電圧 V を加えても、そのままでは順方向電流 I は流れません。

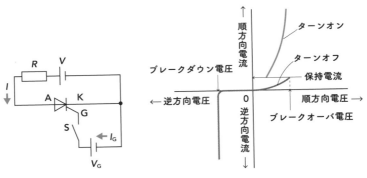

▲ SCRの動作　　　　▲ SCRの特性

しかし、スイッチSを閉じて、ゲート(G)にゲート電流 I_G を流すと順方向電流 I が流れます。このように、サイリスタが導通(ON)状態になることを**ターンオン**といいます。ターンオンした

後は、スイッチSを開いてゲート電流 $I_G = 0$ にしても順方向電流 I が流れ続けます。ただし、SCRがターンオンの状態を維持するためには、一定以上の大きさの順方向電流 I を流し続ける必要があります。この電流を、**保持電流**といいます。

SCRを非導通（OFF）、つまり**ターンオフ**させるためには、SCRに逆電圧を加えるなどの方法があります。

また、ゲート電流 $I_G = 0$ の状態であっても、SCRに加える順方向電圧 V を大きくしていくと、ある時点でターンオンします。この現象を、**ブレークオーバ**といいます。SCRに、逆方向電圧を加えた場合は、ダイオードと同じような特性を示します。

SCRをターンオフさせる回路を**転流回路**といいます。

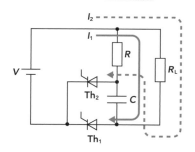

▲ 転流回路の例

〈転流回路の動作例〉

①Th₁がターンオンすると、電流 I_1 が流れるため、コンデンサCが充電される。

②Th₂をターンオンすると、Cが放電するため、Th₁に逆電圧が加わりTh₁がターンオフする。

③Th₁がターンオフすると、電流 I_2 が流れるため、Cは①と逆の向きに充電される。

④Th₁をターンオンすると、Cが放電するため、Th₂に逆電圧が加わりTh₂がターンオフする。

このように、一方のSCRをターンオンすることで、他方の
SCRをターンオフできます。

　ただし、SCRのアノード(A)─カソード(K)間に交流を加えて
いる場合は、ゲート電流 $I_G = 0$ にした後にアノード(A)に逆電圧
が加わることでターンオフします。このため、転流回路は必要あ
りません。

GTO

　SCRをターンオフさせるには、原則として転流回路が必要でし
た。しかし、GTOは、ゲート(G)に流す電流の向きを逆にする
ことでターンオフします。このため、転流回路が不要です。

トライアック

　トライアックは、2個のSCRを逆方向にして並列接続したよう
な構造をしており、交流などを双方向に流すことができるように
工夫したサイリスタです。

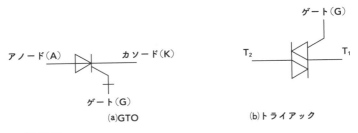

(a)GTO

(b)トライアック

▲ 図記号

　サイリスタは、整流回路や電圧制御回路、直流を交流に変換す
るインバータ回路などに使用されています。

30 IC(集積回路)は すごく便利な電子部品

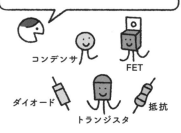

個々の単体部品をディスクリート（discrete）部品といいます

コンデンサ
FET
ダイオード
トランジスタ
抵抗

ICの中には、たくさんの部品が組み込まれています

ICの一般的な特徴

IC(integrated circuit：**集積回路**)は、多数のトランジスタ、FET、抵抗、コンデンサなどの素子をシリコンの基板上に作り込んだ電子部品です。作り込む素子の規模が大きくなるに従って、LSI(large scale IC：大規模集積回路)、VLSI(very large scale IC：超大規模集積回路)、ULSI(ultra large scale IC：極超大規模集積回路)などとよばれることもあります。ICの一般的な特徴には次のものがあります。

①小型で信頼性が高い。
②消費電力が少なく、高速に動作する。

③特性の揃ったトランジスタやFETなどがつくれる。

④電子回路の製作が簡単になる。

2種類のIC

ICは、次の2種に大別できます。

- **アナログIC**：アナログ信号の処理をするICであり、オペアンプ、音声増幅用IC、定電圧電源用ICなどがある。
- **デジタルIC**：デジタル信号の処理をするICであり、論理回路用IC、DSP(digital signal processor)、コンピュータのCPU(central processing unit)、メモリ用ICなどがある。

アナログICの例

定電圧電源用IC(TA4805S)は、直流6〜12Vを入力すると、安定した5Vの電圧を出力します。このような働きをする3ピンのICは、三端子レギュレータともよばれます。

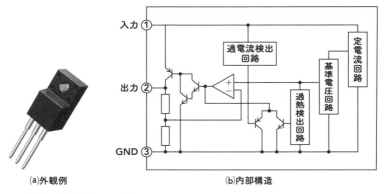

(a)外観例　　　　(b)内部構造

▲ 定 電 圧 電 源 用 I C の 例

デジタルICの例

例えば、論理回路（48 参照）用IC（TC74HC00AP）は、否定論理積（NAND）（48 否定論理積と否定論理和 参照）といわれる機能を4個内蔵しています。これにより、デジタル信号の処理を行います。

(a)外観例　　　　　　　　(b)内部構造

▲ 論理回路用ICの例

ICの製造工程

ICは、次の工程で製造されます。

▲ ICの製造工程

①ウェーハ製作

　高純度のシリコンでできたウェーハとよばれる円形基板を製作する。例えば、1辺が10 mmのICチップをつくる場合、直径300 mmのウェーハ1枚から650個のICチップが切り出せる。

②洗浄

　微細なゴミなどの不純物を取り除くため、ウェーハを洗浄する。

③成膜

　ウェーハ上に、電極になるポリシリコン膜、配線に使うアルミニウム膜、絶縁用の絶縁膜などを形成する。

④リソグラフィ

　写真製版技術を応用してウェーハを加工し、微細な回路パターンを形成する。

⑤不純物拡散

　P形半導体やn形半導体をつくるために、ホウ素BやリンPなどの不純物を加える。

⑥切り出しなど

　ウェーハからICチップを切り出し（ダイシング）、電極を取り出すための台座に置き（マウント）、電極を接続（ボンディング）する。

⑦密閉

　ICチップを樹脂で密閉（モールド）し、ピンのついたパッケージに収納する。

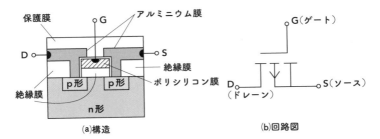

▲ MOS形 FET（pチャネル）の形成例

　抵抗はポリシリコン膜、コンデンサは絶縁膜を利用して形成します。しかし、コイルはIC化するのが困難です。

便利な部品

差動増幅回路　ダーリントン回路　反転増幅回路

31 高性能な増幅回路の オペアンプ

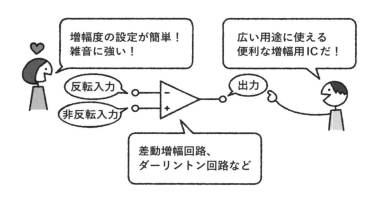

増幅度の設定が簡単！
雑音に強い！

広い用途に使える
便利な増幅用ICだ！

反転入力

非反転入力

出力

差動増幅回路、
ダーリントン回路など

オペアンプの概要

電子回路では、高性能な増幅回路が必要とされることがよくあります。このため、汎用的に使用できる増幅回路として**オペアンプ（演算増幅器）**とよばれる電子部品が開発されました。オペアンプの主な特徴は次のとおりです。

- IC化された増幅器であるため扱いやすい。
- 増幅度が大きい（数万倍）。
- 入力インピーダンスが高い（数百KΩ～数十MΩ）。
- 出力インピーダンスが低い（数十Ω）。
- 広い周波数帯域の信号を増幅できる（直流から数十MHz）。
- 高周波増幅には向いていない。

インピーダンス（単位[Ω]）は、交流に対する抵抗分のことです（㉘ FETのインピーダンス **参照** ）。オペアンプの図記号は、JIS（日本産業規格）で定められていますが、この他によく使用される図記号もあります。

▲ オペアンプの図記号

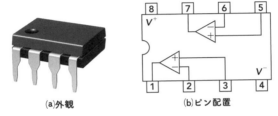

▲ オペアンプの例（NMJ4580）

オペアンプは、2個の電源 E_1、E_2 を接続して使用するのが基本ですが、1個の電源で動作するように作られたICもあります。

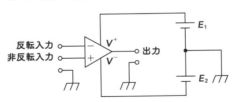

▲ オペアンプの基本的な電源回路（2電源）

差動増幅回路

　オペアンプは、高性能な**差動増幅回路**であるととらえることができます。差動増幅回路は、2つの入力端子からの入力信号の差分を増幅して出力する回路です。

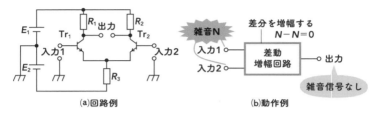

▲ 差動増幅回路

　例えば、同じ振幅と位相をもった2つの信号の差分はゼロですから、このような信号を差動増幅回路に入力すると、その出力もゼロとなります。雑音が混入する場合などは、2つの入力端子に同じ雑音が入力されることが多いため、雑音どうしの差分がゼロとなり、出力に影響を与えなくなります。このように、差動増幅回路は、雑音の影響を受けにくいのが大きな長所です。

　高性能な差動増幅回路を構成するためには、特性の揃った2個のトランジスタが必要です。IC技術の発展によって、この条件を満たすことができるようになりました。

ダーリントン回路

　さらに、大きな増幅度を得るために、オペアンプには**ダーリントン回路**とよばれる増幅回路が内蔵されています。ダーリントン

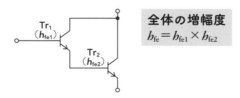

▲ ダーリントン回路の例

回路の増幅度 h_{fe} は、各々のトランジスタの増幅度 h_{fe1} と h_{fe2} の積になります。このため、そのままでは増幅度が大きすぎるので、**負帰還増幅回路**(㊴ 参照)とよばれる構成で使用するのが一般的です。

反転増幅回路

次図は、オペアンプを使用した**反転増幅回路**とよばれる増幅回路の構成例です。1つの信号を入力して増幅する場合は、オペアンプの入力端子の他方をグラウンドに接続(接地)して使用します。また、抵抗 R_f によって負帰還増幅回路を構成しています。この反転増幅回路は、増幅度 A_{vf} を2個の抵抗 R_s と R_f の比で簡単に決めることができます。増幅度 A_{vf} にマイナス(−)記号が付いているのは、出力信号が入力信号に対して反転(逆相)することを示しています。

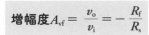

$$増幅度 A_{vf} = \frac{v_o}{v_i} = -\frac{R_f}{R_s}$$

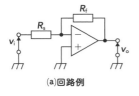

(a)回路例

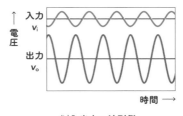

(b)入出力の波形例

▲ 反 転 増 幅 回 路

オペアンプの用途例

オペアンプは、便利で高性能な増幅回路としてさまざまな用途で使用されています。具体的には次のような用途例があります。

加算回路、微分回路、積分回路、発振回路(㊶ 発振を利用する 参照)、フィルタ回路(㊹ 参照)、電流—電圧変換回路、コンパレータ(㊽ ▲ コンパレータの動作 参照)、センサ回路、モータ制御回路、電圧フォロワ回路(緩衝増幅回路)

32 センサって一体どういうものなの？

アルコールセンサ搭載

Pi Pi Pi

今夜は、これ以上飲んだらダメ！

センサが行っていること

センサは、物体の位置や、温度、湿度、光、音、磁気、加速度、圧力、ガスなどの有無や量などを検出する部品です。

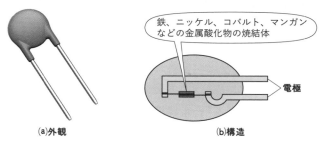

鉄、ニッケル、コバルト、マンガンなどの金属酸化物の焼結体

電極

(a)外観

(b)構造

▲ サーミスタ

温度センサには、**サーミスタ**や**熱電対温度センサ**などがあります。サーミスタは、温度によって抵抗値が変化するセンサで、小型、高性能かつ安価なため広く使用されています。

光センサ、磁気センサ、圧力センサ

光センサには、**ホトトランジスタ**や**CdS**（カドミウムCdと硫黄Sの化合物）などがあります。ホトトランジスタは、トランジスタと同様にp形半導体とn形半導体を3層にした構造をしており、ベース部に光りが照射されるとコレクタ電流が流れます。CdSは、光の強さによって抵抗値が変化するセンサです。

(a)外観

エミッタ(E)

コレクタ(C)

(b)図記号

▲ ホトトランジスタ

磁気センサとしては、半導体を用いた**ホール素子**がよく使われます。電流を流したホール素子に、磁気（磁界）が加えられると磁気の大きさに比例した電圧を生じます。この現象を**ホール効果**といいます。

圧力センサには、**金属抵抗ひずみゲージ**や**半導体ダイヤフラム形圧力センサ**などがあります。どちらも、圧力の大きさによって抵抗値が変化するセンサです。

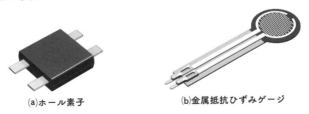

(a)ホール素子

(b)金属抵抗ひずみゲージ

▲ 磁気センサと圧力センサの外観例

33 機械的な部品やセンサ、電子回路などを一つにまとめたMEMS（メムス）

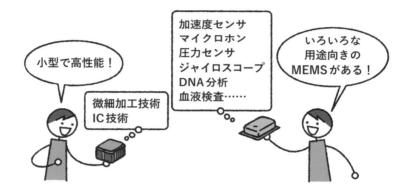

小型で高性能！

微細加工技術
IC技術

加速度センサ
マイクロホン
圧力センサ
ジャイロスコープ
DNA分析
血液検査……

いろいろな
用途向きの
MEMSがある！

小型の電子部品MEMS

　微細加工やIC（集積回路）の技術を応用して、機械的な部品、センサ、電子回路などを一つのシリコン基板上などに作り込んだ小型の電子部品を **MEMS**（メムス、micro electro mechanical systems）といいます。

　例えば、センサの出力信号は、たいへん微弱なことが多いため、センサと増幅回路を組み合わせて使うのが一般的です。この際、センサと増幅回路をMEMS化すれば、高性能かつ小型で扱いやすい電子部品とすることができます。MEMS化されたセンサ機能としては、加速度センサ、ジャイロセンサ、圧力センサ、温度センサなどがあります。

加速度測定用MEMS

　次の図は、x軸とy軸の2軸の**加速度**をデジタル信号として検出できるMEMSの外観例です。内部に加速度センサ、増幅回路、制御回路、アナログ信号をデジタル信号に変換するA-Dコンバータなどを搭載しています。測定可能な加速度は±3g（$1g ≒ 9.8m/s^2$）で、分解能は約1mg、動作電圧は3.0〜5.25Vとなっています。

> おおよその外寸
> 縦：5mm
> 横：5mm
> 高さ：3mm

▲ 加速度測定用MEMSの外観例

マイクロホン用MEMS

　また、**マイクロホン**をMEMS化した製品も広く使用されています。次の図は、スマートホン用などとして開発されたマイクロホン用MEMSの外観例です。シリコンマイクロホンとよばれるマイクロホンや増幅回路などを内蔵しています。

> おおよその外寸
> 縦：4mm
> 横：3mm
> 高さ：1mm

▲ マイクロホン用MEMSの外観例

　この他、インクジェットプリンタの印字ヘッドや医療用の血液検査用の部品などもMEMSとして実用化されています。

**ダイオードとトランジスタは
どう違うのか？**

　ダイオードは、**p形半導体**と**n形半導体**を組み合わせた**pn接合**で構成されています。また、**トランジスタ**は、**npn接合**または、**pnp接合**で構成されています。では、ダイオードを2個接続すれば、トランジスタと同じ働きをする部品をつくれるでしょうか？

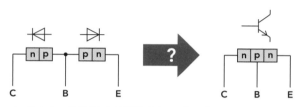

▲ ダイオード2個の接続とトランジスタ

　ダイオード2個の接続回路も、見かけではnpnのような接続が構成されています。しかし、この回路は、トランジスタとしては動作しません。トランジスタは、エミッタからの多くの自由電子がベースを通過してコレクタ領域へ到達する必要があります。このため、実際のトランジスタは、**ベース領域**を特に薄くつくってあります。ダイオード2個の回路は、この条件を満たしていません。また、p形半導体とn形半導体の接合面は、**共有結合**が連続していることが必要です。さらに、トランジスタは例えば同じn形半導体であっても、不純物の濃度を変えて**抵抗率**を調整しています。上図では、コレクタ側のn形半導体の抵抗率を大きくしています。これらの点についても、ダイオード2個の回路は、トランジスタとして動作する条件を満たしていないのです。

4 アナログ回路を みてみよう

34 アナログとデジタルは どう違うのか？

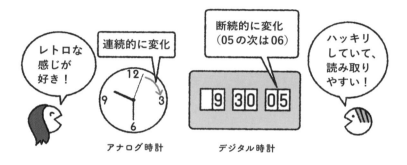

レトロな感じが好き！

連続的に変化

断続的に変化（05の次は06）

ハッキリしていて、読み取りやすい！

アナログ時計　　　　デジタル時計

アナログ信号

例えば、音声は連続的に変化する**アナログ信号**です。マイクロホンを使って、音声をアナログの電気信号に変換して増幅することを考えましょう。増幅回路の出力には、**雑音**（ノイズ）が含まれてしまいます。また、私たちの身の回りには、雑音があふれています。電子機器や自動車のエンジンなどからも雑音が発生します。アナログ信号は、これらの雑音の影響を受けて変化してしまいやすいのです。しかし、自然界には、アナログ信号がたくさんあるため、これを扱う回路も重要な役割をします。

デジタル信号

　一方、**デジタル信号**は、0か1の値で断続的に変化する信号です。このため、雑音が加わっても、0が1に、また1が0に変化する可能性は低いのです。つまり、デジタル信号は、アナログ信号に比べて、雑音の影響を受けにくいのです。言い換えると、デジタル信号は、アナログ信号よりも精度や信頼性が優れているといえます。例えば、アナログ信号のデータのコピーを繰り返して行うと、データはどんどんと劣化していきます。しかし、デジタル信号の場合は、コピーを繰り返してもデータの劣化はありません。

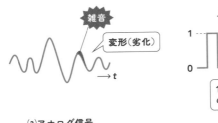

(a)アナログ信号

(b)デジタル信号

▲ 雑 音 の 影 響

- **アナログ信号**：連続的に変化する信号、雑音に弱い。
- **デジタル信号**：断続的に変化する信号、雑音に強い。

アナログ信号からデジタル信号への変換

　このため、現在では音声のようなアナログ信号についても、デジタル信号に変換（56 参照）して処理することが多くなっています。スマートフォンなどでダウンロードできる音楽も、デジタル信号として処理した後、アナログ信号に戻して（57 参照）からスピーカなどに出力します。また、コンピュータ内で行うデータ処理もデジタル信号を対象にしています。

　アナログ信号を扱う回路を**アナログ回路**、デジタル信号を扱う回路を**デジタル回路**といいます。

35 増幅回路は 入力→出力で大きくなる？

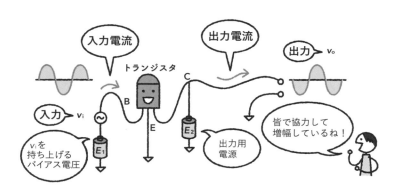

増幅回路の動作

増 幅回路は、入力した電気信号を大きくして出力する働き をする回路であり、**アンプ**(amplifier)ともよばれます。ト ランジスタを用いた増幅の動作を確認しましょう（㉖　参照）。

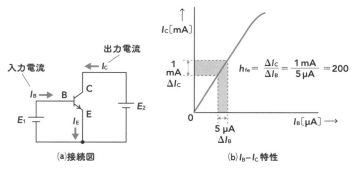

$$h_{fe} = \frac{\Delta I_C}{\Delta I_B} = \frac{1\,\mathrm{mA}}{5\,\mathrm{\mu A}} = 200$$

▲ トランジスタの特性増幅の例

例えば、入力電流 I_B を 5 μA 変化させた場合、出力電流 I_C は 1 mA 変化します。つまり、I_B の変化量が 200 倍（1 mA ÷ 0.005 mA = 200）になって I_C に反映されたことになります。言い換えれば、小さな入力の変化が大きな出力の変化になったのです。これが増幅の考え方です。

　ただし、注意してください。入力電流 I_B が魔法を使ったように自ら大きくなって出力されるわけではありません。出力電流 I_C は、電源 E_2 によって供給されているのです。

トランジスタを用いた増幅回路

　トランジスタを用いて、交流信号を増幅する回路を考えてみましょう。入力側の電源 E_1 を接続していた場所に、増幅したい交流信号 v_i を接続してみます。さて、これで正しく増幅が行われるでしょうか？

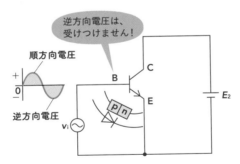

逆方向電圧は、受けつけません！

順方向電圧

逆方向電圧

▲ 交流信号の接続

　トランジスタのベース―エミッタ間は、pn接合になっています。つまり、ダイオードの性質をもっています。このため、ベースに正の電圧が加わったときは順方向電圧となりベース電流 I_B が流れます。しかし、負の電圧が加わった場合は、逆方向電圧となり I_B が流れません。これでは、交流信号の全領域についての増幅が行われません。この問題を解決するために、交流信号 v_i と電源

E_1を重ねて入力します。すると、ベースに加わる電圧は、$E_1 + v_i$となり、いつも正の順方向電圧になります。このような目的で使用する直流電圧を**バイアス電圧**といいます。

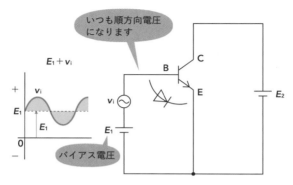

▲ バイアス電圧の接続

トランジスタを動作させるために抵抗を用いる

　トランジスタを動作させるためには、基本的に2個の電源E_1（バイアス電圧用）とE_2（出力用）が必要です。しかし、抵抗を使用すれば1個の電源から、2種類の電圧を取り出すことができます。バイアス電圧を得るための回路を**バイアス回路**といいます。ここでは、4個の抵抗を使った**電流帰還バイアス回路**を示します。各抵抗の値は、トランジスタに適切な電圧や電流が加わるように設定します。

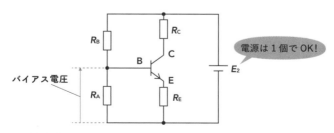

▲ 電流帰還バイアス回路

この回路に増幅したい交流信号 v_i をそのまま接続すると、バイアス回路の直流電源の影響を受けてしまいます。このため、結合用のコンデンサ C_1 を介して v_i を接続します。コンデンサのもっている直流を通しにくい性質を活用するのです。また、出力を取り出す際にも、直流分が出力に影響するのを避けるために**結合コンデンサ**とよばれるコンデンサ C_2 を挿入します。また、直流回路であるバイアス回路が交流信号の影響を受けないように挿入する C_E を**バイパスコンデンサ**といいます。

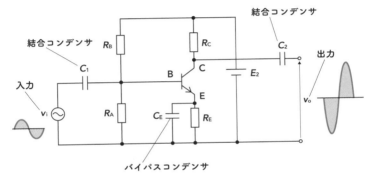

▲ 交流信号のトランジスタ増幅回路

　この回路は、**エミッタ接地増幅回路**とよばれます。また、入力信号を反転した出力信号が得られるため、反転増幅回路ともいいます。次に、FET を用いた**ソース接地増幅回路**の例を示します。

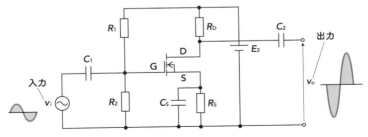

▲ 交流信号のFET増幅回路

36 電気信号がどれくらいの割合で増えているかわかる増幅度と利得

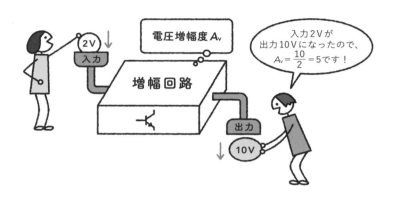

電圧増幅度 A_v

2V
入力

増幅回路

出力

10V

入力2Vが出力10Vになったので、$A_v = \dfrac{10}{2} = 5$です！

入力と出力の電気信号の比

増幅回路において、入力と出力の電気信号の比を**増幅度**といいます。増幅度には、次の3種類があります。増幅度には単位を付けないことが多いですが、付けるなら（**倍**）を使います。

- **電圧増幅度 A_v**：入力電圧 v_i と出力電圧 v_o の比。

$$A_v = \left| \frac{v_o}{v_i} \right|$$

- **電流増幅度 A_i**：入力電流 i_o と出力電流 i_o の比。

$$A_i = \left| \frac{i_o}{i_i} \right|$$

- **電力増幅度 A_p**：入力電力 P_i と出力電力 P_o の比。

$$A_p = \left| \frac{P_o}{P_i} \right|$$

増幅度が1より小さい場合は、出力信号が入力信号より小さくなったことを意味します。このような増幅回路は、**減衰回路**ともよばれます。また、増幅度が負になる場合は、出力信号の位相が入力信号と逆になったことを意味します。しかし、ここでは各増幅度の大きさを考えており、そのために絶対値の記号を使っています。

増幅度が非常に大きな値の場合

　増幅度は、非常に大きな値になることがあるため、扱いやすい桁に換算する**利得**（単位 **dB**〈デシベル〉）がよく使われます。利得は、**ゲイン**（gain）ともよばれます。**log** は常用対数です。

- **電圧利得** $G_v = 20 \log_{10} A_v \, [\text{dB}]$
- **電流利得** $G_i = 20 \log_{10} A_i \, [\text{dB}]$
- **電力利得** $G_p = 10 \log_{10} A_p \, [\text{dB}]$

　　　　　　　　　　　　↑————————— 係数に注意！

　複数の増幅回路を接続した場合に、全体の増幅度や利得を求める際には計算の方法が違うので注意しましょう。増幅度は乗算しますが、利得は加算します。

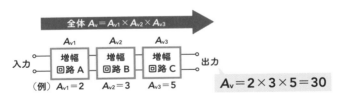

▲ 全体の増幅度

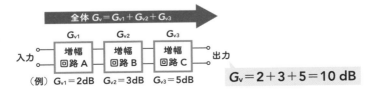

▲ 全体の利得

37 増幅の種類と性質

動作点によって決まる級！

私は、違う
区分で〜す！

静特性

次に示す増幅回路には、バイアス電圧 E_1 と出力用の E_2 を接続してあります。R_C は、トランジスタのコレクタから出力電圧を取り出すための抵抗です。

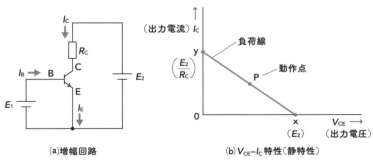

(a)増幅回路

(b) V_{CE}–I_C 特性（静特性）

▲ 負荷線と動作点

この増幅回路において、直流分(E_1、E_2)の影響だけを考えた出力電圧 V_{CE}（エミッタ—コレクタ間電圧）と出力電流 I_C の関係である V_{CE}–I_C 特性をグラフで示します。このように、直流分を考えた場合の特性を**静特性**といいます。

このグラフの点 x と点 y を次のようにして求めます。

点 x：$I_C = 0$ のときは、抵抗 R_C による電圧降下が 0 なので、$V_{CE} = E_2$ となります。

点 y：$V_{CE} = 0$ のときは、エミッタ—コレクタ間が短絡（ショート）していると考えて、オームの法則より、$I_C = \dfrac{E_2}{R_C}$ となります。

点 x と点 y をつないだ直線を**負荷線**といいます。増幅回路が動作する際は、入力電圧 v_i の変化に伴って、I_C と V_{CE} の関係が負荷線上を移動します。また、入力電圧 $v_i = 0$ のときの増幅回路が動作する際の、出力電圧 V_{CE} と出力電流 I_C を示す負荷線上の点 P を**動作点**といいます。

動特性

この増幅回路に、増幅したい入力電圧（正弦波交流）v_i を接続し

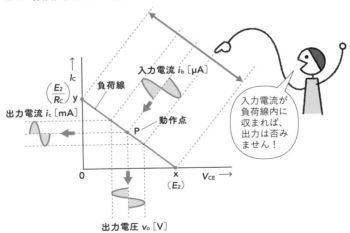

▲ 入力—出力特性（動特性）

て、入力電流 i_b を流した場合の、出力電流 i_c と出力電圧 $v_o(=v_{ce})$ をグラフに記入します。このように、交流分を考えた場合の特性を**動特性**といいます。本書では、直流成分を I_B などの大文字、交流成分を i_b などの小文字で表記します。

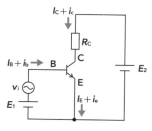

▲ 入力電圧 v_i を加える

動作点の設定位置による分類

　動作点の位置は、バイアス回路によって決まります。一般的な用途では、入力の交流信号の正と負の両方の部分をすべて増幅したいので、動作点を負荷線の中央付近に設定します。このように動作点を設定した場合を**A級増幅**といいます。この他にも、動作点の設定位置によっていくつかの**級**に分類できます。

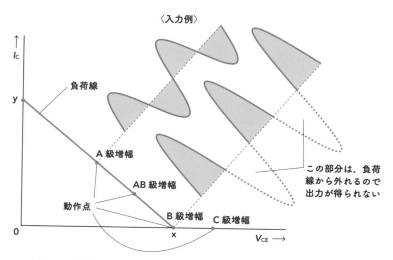

▲ 動作点の設定位置と増幅の級

- **A級増幅**：動作点を負荷線の中央付近に設定するため、ひずみのない出力が得られる。ただし、入力信号 i_b がゼロのときでも直流電流 I_C が流れるため効率はよくない（p. 119、動特性のグラフを参照）。
- **B級増幅**：動作点を負荷線の最も端に設定するため、入力信号 i_b の半周期部分しか出力が得られない。ただし、この半周期部分については、大きな振幅の出力が得られる。また、入力信号 i_b がゼロのときは、直流電流 I_C が流れないため効率がよい。
- **AB級増幅**：動作点をA級増幅とB級増幅の中央付近に設定する。出力のひずみはA級増幅よりも大きくなるが、効率はA級増幅よりも向上する。
- **C級増幅**：動作点をB級増幅よりもさらに、ずらして負荷線を外れた位置に設定する。出力のひずみは大きくなるが、直流電流 I_C が流れる時間が短くなるため、効率がとてもよい。効率が重要な**高周波増幅回路**に採用されることが多く、その際は信号のひずみを取り除くための**周波数同調回路**とよばれる回路などが併用される。

他の特徴も
考えて採用を
決めてね！

▲ 増 幅 回 路 の 級 と ひ ず み

　この他、**D級増幅（デジタルアンプ）**とよばれる増幅回路もあります（⑥⑪ **参照**）。ただし、これは動作点の位置によって命名された増幅回路ではありません。

38 電力増幅回路のメリットとデメリットの解消

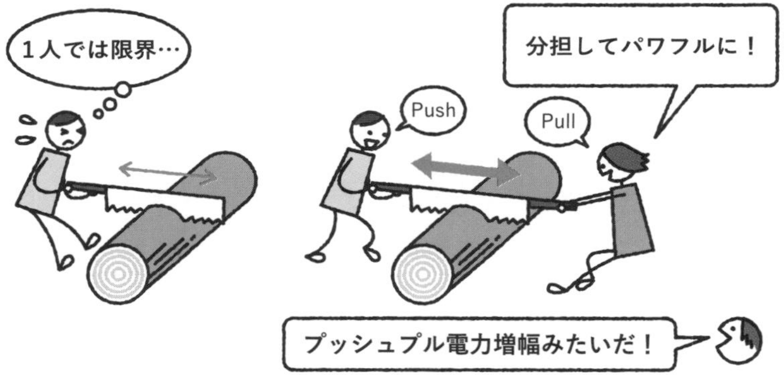

A級増幅

大きな出力を得ることができる増幅回路を**電力増幅回路**といいます。**A級増幅**では、入力信号の全周期(正負両方の領域)を増幅するために、動作点を負荷線の中央付近に設定します(㊲▲動作点の設定位置と増幅の級 参照)。この場合、より大きな出力を得るためには、より大きなコレクタ電流 I_C を流すことができるトランジスタを採用することが必要になります。

B級増幅

一方、**B級増幅**では、動作点を負荷線の端に設定するため、入力信号 i_b の半周期部分の出力しか得られません。その代わり、こ

の半周期部分については、大きな振幅の出力が得られます(p. 120)。ここで、2個のトランジスタを用いて入力信号の正と負の各半周期を分担して増幅することを考えます。例えば、npn形のトランジスタをTr₁、pnp形のトランジスタをTr₂として使用します。そして、入力信号の正の半周期をトランジスタTr₁、負の半周期をトランジスタTr₂に増幅させるのです。このようにして大きな出力を得る増幅回路を、**B級プッシュプル増幅回路**といいます。

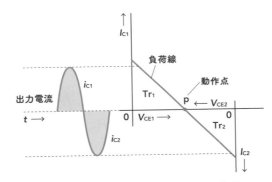

▲ B級プッシュプル増幅回路の動作特性例

2個のトランジスタと2個の電源

この方式は、入力信号がゼロのときに直流電流 I_C が流れないので高効率であることが長所です。ただし、ひずみを少なくするためには、特性のそろった2個のトランジスタを用意することが必要です。回路例をみてみましょう。入力信号が正のときには、トランジスタTr₁が動作して出力電流 i_{c1} が流れます。そして、入力信号が負のときには、トランジスタTr₂が動作して出力電流 i_{c2} が流れます。出力電流 i_{c1} と i_{c2} は流れる向きが異なるので、これらの電流を流すために2個の電源 E_1 と E_2 が必要となります。

この回路は、出力インピーダンスをスピーカの入力インピーダンス(4〜8Ω程度)と近い値にできるため、インピーダンス整合回路(出力トランスなど)を用いなくてもスピーカを接続できま

す。このような長所もあるため、B級プッシュプル増幅回路は、オーディオ機器のアンプとしても広く採用されています。

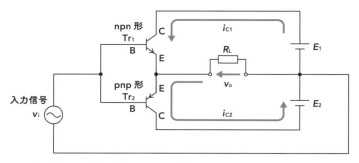

▲ B級プッシュプル増幅回路の基本

B級プッシュプル増幅回路の短所の1つを解消する

B級プッシュプル増幅回路を採用すれば、効率よく大きな出力を得ることができるのですが、電源を2個使用することは短所です。ただし、コンデンサを使用することで、この短所を解決できます。この回路では、入力信号 v_i が正でトランジスタ Tr_1 が動作し、出力電流 i_{c1} が流れているときにコンデンサCを充電します。そして、入力信号 v_i が負でトランジスタ Tr_2 が動作するときはコンデンサCの放電によって出力電流 i_{c2} を流します。

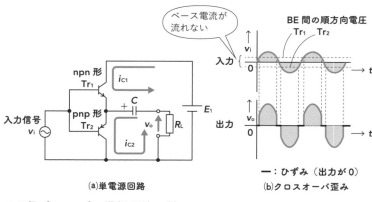

(a)単電源回路

ー：ひずみ（出力が0）
(b)クロスオーバ歪み

▲ B級プッシュプル増幅回路の例

もう1つの大きな短所を解消する

　さて、2個の電源が必要だという短所は解決できましたが、この回路には大きな短所が残っています。それは、入力電圧がトランジスタの順方向電圧より小さい場合、ベース電流が流れないために増幅が行われません。これによって、出力が歪んでしまいます。これを、**クロスオーバひずみ**といいます。この短所を解決するためには、ダイオードを活用します。ダイオードD_1、D_2の順方向電圧を利用して、各トランジスタのベース端子に**バイアス電圧**V_{BB}を加えておくのです（㉟▲トランジスタを用いた増幅回路 **参照**）。

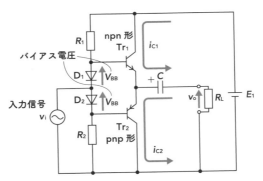

▲ クロスオーバひずみ対策をした回路の例

　さらに、電力増幅回路に使用するトランジスタやFETに**放熱板**（ヒートシンク）を取り付けることで、より効率的に増幅を行うことができます。

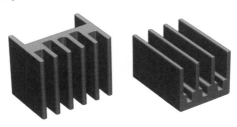

▲ 放熱板の外観例

39 出力信号を逆の位相で入力に戻す負帰還増幅回路

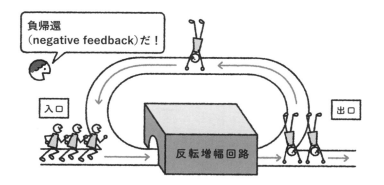

2種類の帰還増幅

帰還増幅回路とは、出力信号の一部を入力側に戻して増幅を行う回路です。帰還増幅には、次の2種類があります。

- **正帰還**：増幅回路の入力が増加するように、出力信号の一部を入力側と同じ位相で戻す。
- **負帰還**：増幅回路の入力が減少するように、出力信号の一部を入力側と逆の位相で戻す。

帰還率

正帰還は、発振回路(④1 参照)などで使用されます。ここでは、負帰還を用いた増幅回路の特徴などについて説明します。

反転増幅回路(p. 115)を用いて、負帰還増幅回路を構成する例を考えましょう。**帰還回路**によって、出力の一部を入力側に戻します。電圧増幅度が $-A$ である反転増幅回路を用いているので、出力の位相を変えずにそのまま入力側に戻せば負帰還をしたことになります。戻す割合は、**帰還率** F とします。

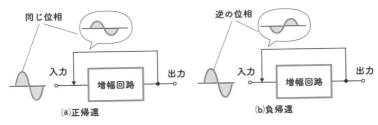

▲ 帰還増幅

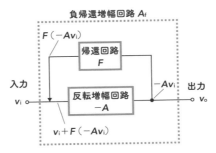

▲ 負帰還増幅回路の構成例

電圧増幅度

このときの、負帰還増幅回路の電圧増幅度 A_f は、次のようになります。

$$A_f = \frac{v_o}{v_i} = \frac{-A}{1 + AF}$$

この式は、反転増幅回路の電圧増幅度（−A）を1より大きい値（$1+AF$）で割っています。つまり、負帰還増幅回路の電圧増幅度 A_f の大きさは、A より小さくなってしまいます。これは、負帰還増幅回路の欠点といえます。しかし、この欠点と引き換えにいくつかの利点を得ることができるのです。

〈**負帰還増幅回路の利点**〉

- **周波数帯域**：安定して増幅できる周波数の範囲が広くなる。
- **雑音**：雑音の影響を受けにくくなる。
- **インピーダンス**：入力や出力のインピーダンスを変えることができる。

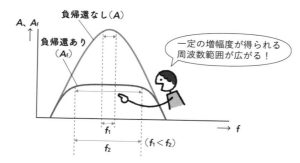

▲ 周波数帯域の拡大

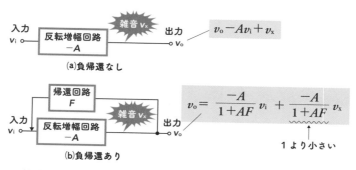

▲ 雑音の影響

インピーダンスを変える

　また、帰還を行うための接続方法を変えることで入出力のインピーダンスを変えることができます。

　前に説明したトランジスタのエミッタ接地増幅回路、FETのソース接地増幅回路(p. 115)、オペアンプの反転増幅回路(p. 103)はいずれも入力とは逆の位相の出力を得る増幅回路です。このため、出力の位相を変えずに入力側に戻せば負帰還増幅回路になります。例として、エミッタ接地増幅回路を用いて負帰還を行う回路例をみてみましょう。トランジスタのエミッタ端子に接続してあるコンデンサ C_E は、交流成分の信号を通過させる働きをしており、バイパスコンデンサとよばれます。

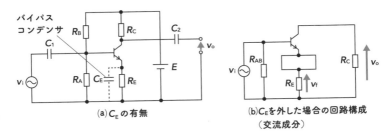

(a) C_E の有無　　　(b) C_E を外した場合の回路構成（交流成分）

▲ エミッタ接地増幅回路

　このバイパスコンデンサ C_E を取り除くと、出力電圧の一部 v_f が抵抗 R_E に加わり、入力側に戻す接続をしたことになります。これにより、負帰還増幅回路として動作します。この場合は、入力または出力からみると、抵抗 R_E が直列に加わるため、入力と出力インピーダンスの両方が大きくなります。そして、増幅度の低下と引き換えに、安定して増幅できる周波数範囲の拡大や雑音の低減などの利点を得ることができます。

40 電源回路で交流を直流に変換する

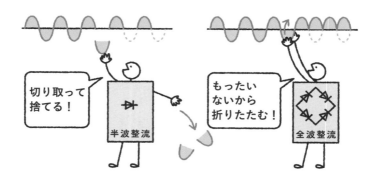

電源回路の構成

こ こでは、交流を直流に変換する**電源回路**について説明します。

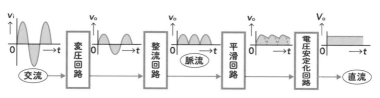

▲ 電源回路の構成例

- **変圧回路**：変圧器(トランス)を使用して交流電圧の値を変える。

- **整流回路**：交流を**脈流**に変換する。
- **平滑回路**：脈流を滑らかな電圧に変換する。
- **電圧安定化回路**：安定した直流電圧を出力する。

　変圧器を使えば、コイルの巻き数に比例した交流電圧を取り出すことができます（変圧回路）。

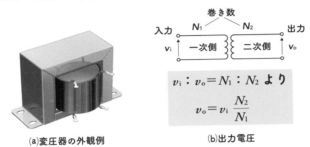

（a）変圧器の外観例　　　　　　　（b）出力電圧

▲ 変圧器による交流電圧の変換

整流

　整流については、Chapter 3 ㉒「ダイオードが果たす役割」で説明しました。ダイオードに交流を入力すると、順方向の電流だけを通過させて出力します（整流回路）。この出力は、脈流とよばれます。

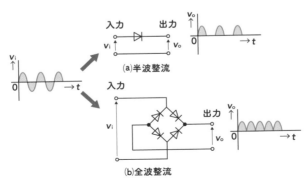

▲ ダイオードによる整流

ダイオードを1個使用した**半波整流**では、交流の半周期分しか使用できません。しかし、ダイオードを4個使用したブリッジ回路とよばれる整流回路で**全波整流**を行えば、交流の全周期分が使用できます。

　平滑回路は、コンデンサの充放電を利用して、脈流を直流に変換します。

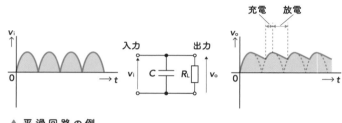

▲ 平 滑 回 路 の 例

電圧安定化回路

　取り出す電流の大きさが変化するなどしても、安定した電圧を保てるようにしたいものです。このための電圧安定化回路は、トランジスタや定電圧ダイオード(㉓ 参照)などを用いて構成できます。また、**三端子レギュレータ**(㉚ 参照)とよばれるIC化された便利な電圧安定化回路もあります。

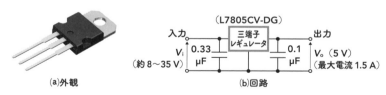

▲ 三端子レギュレータの例 (L7805CV-DG)

スイッチングレギュレータ方式

　これまで説明した電源回路は、変圧回路に大きくて重い変圧器を使用するのが一般的です。しかし、**スイッチングレギュレータ方式**とよばれる電源回路では、このような変圧回路を必要としません。スイッチングレギュレータ方式は、FETなどを電子スイッチとして使用し、目的の直流電圧を得ます。下図において、電子スイッチSをON/OFFさせることを考えましょう。Sを常にOFFとすれば、出力電圧 V_o は0Vです（下図①）。また、Sを常にONとすれば、出力電圧 V_o は入力電圧 V_i と同じになります（下図②）。

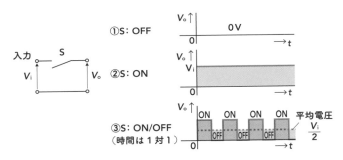

▲ スイッチングの例

ON/OFF切り替え

　次に、ONとOFFを同じ時間間隔で高速に切り替えてみましょう。すると、出力電圧 V_o の平均電圧は入力電圧 V_i の半分になります（上図③）。さらに、ONとOFFの時間間隔の比を変化させれば、出力電圧として目的の平均電圧を得ることができます。スイッチングレギュレータ方式は、回路が複雑になることや出力に雑音が含まれやすいのが欠点ですが、消費電力が少なく、小型な電源回路が構成できるため広く普及しています。

41 スピーカの ハウリングから学ぶ 発振のしくみ

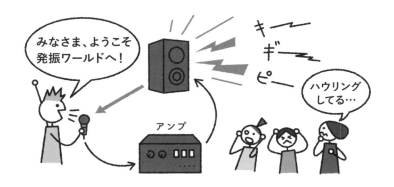

みなさま、ようこそ発振ワールドへ！

キー ギー ピー

ハウリングしてる…

アンプ

出力信号増幅の限界

体育館などでマイクロホンとアンプ（増幅回路）を使用する際、スピーカから、"ピー、キー"などの耳障りな音が出力されるのを聞いたことはありませんか。この現象は、**ハウリング**とよばれます。マイクロホンから入力された音声は、増幅されてスピーカから出力されます。この出力が再びマイクロホンに回り込んで入力されることで、さらに増幅されます。この循環は、**正帰還増幅**（㊴ 参照）が行われていることと同じです。したがって、信号はどんどん大きくなっていきます。しかし、増幅回路から出力できる信号の大きさには限界がありますから、無限に大きく増幅されることはありません。出力の大きさは、いずれ**飽和**し、一定の振幅になります。この動作を**発振**といいます。

発振を利用する

　電子回路の中で起こる予期せぬ発振は、誤動作のもとになるため避けたい要因です。しかし、発振を上手に活用すれば目的の周波数をもった信号を生成することができます。

　発振現象を利用して、ある周波数の信号を生成して出力する回路を**発振回路**といいます。発振回路は、電子式時計や通信機などにおいて、たいへん重要な働きをしています。

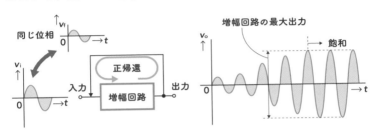

▲ 発 振 の 原 理

コンピュータの基本信号

　コンピュータは、**クロック（動作周波数）**とよばれる基本信号に基づいて動作しています。この基本信号は、発振回路によって生成されています。例えば、「クロック2GHz」のようなコンピュータの仕様標記では、この数値が大きいほど高速に動作すると考えられます。ただし、動作速度にはクロック以外の要因も影響しますので目安の一つとしましょう。

▲ 発 振 回 路 の 活 用 例

42 発振回路を
うまく扱うために

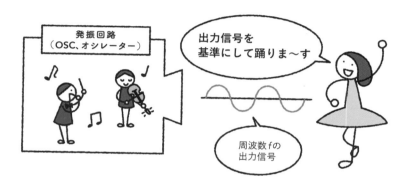

発振回路
（OSC、オシレーター）

出力信号を
基準にして踊りま〜す

周波数 f の
出力信号

発振回路の種類

振回路（OSC）には、次のような種類があります。

- **RC 発振回路**：正帰還をするための移相回路に、抵抗 R とコンデンサ C を使用する。
- **LC 発振回路**：正帰還をするための移相回路に、コイル L とコンデンサ C を使用する。
- **水晶発振回路**：水晶振動子を使用しているため、精度や安定度が優れている。

発振を起こすため、正帰還増幅（㊴ 参照）では、入力と同じ位相の出力信号を入力側に戻す必要があります。オペアンプ（㉛ 参照）やエミッタ接地増幅などの反転増幅回路（P. 115）を使用した場合は、帰還回路で出力の位相を半周期（180°）ずらすことで同じ位相にして入力側に戻します。この場合の帰還回路は、位相をずらす（移す）ことが目的となるため**移相回路**とよばれます。コンデンサやコイルを使用すれば、交流信号の位相をずらすことができます。例えば、次の移相回路では、最大90°未満の位相がずらせます。このため、180°ずらすには、3段の移相回路が必要になります。

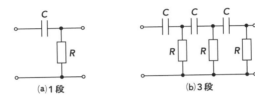

▲ 移 相 回 路 の 構 成 例

RC発振回路とLC発振回路

　移相回路に抵抗とコンデンサを使った**RC発振回路**は、低周波の発振に適しています。

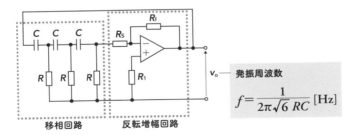

発振周波数

$$f = \frac{1}{2\pi\sqrt{6}\,RC}\ [\mathrm{Hz}]$$

▲ オ ペ ア ン プ を 用 い た R C 発 振 回 路 の 例

　移相回路にコイルとコンデンサを使った**LC発振回路**は、高周波の発振に適しています。コイルとコンデンサの配置によって異なった発振回路を構成できます。

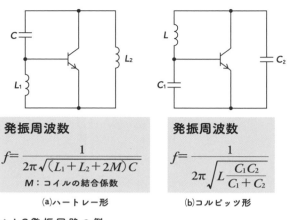

発振周波数

$$f = \frac{1}{2\pi\sqrt{(L_1 + L_2 + 2M)C}}$$

M：コイルの結合係数

(a)ハートレー形

発振周波数

$$f = \frac{1}{2\pi\sqrt{L\dfrac{C_1 C_2}{C_1 + C_2}}}$$

(b)コルピッツ形

▲ LC発振回路の例

水晶振動子

　高性能な発振回路に要求される性能としては、発振周波数の精度や安定度などが挙げられます。このような要求がある場合には、**水晶振動子を用いた発振回路**が広く使用されています。

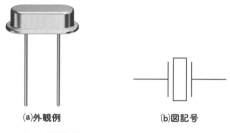

(a)外観例　　　　　　　(b)図記号

▲ 水晶振動子

　水晶(クリスタル)は、電界を加えると伸縮運動をする性質があり、このとき特定の周波数の交流を流します。この現象は**逆圧電効果**といい、発振回路に応用できます。ハートレー形やコルピッツ形のLC発振回路において、コイルを目的の発振周波数をもった水晶振動子(X)に置き換えれば、水晶発振回路を構成できます。

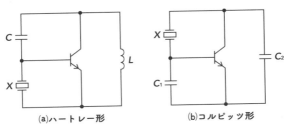

(a)ハートレー形   (b)コルピッツ形

▲ 水晶発振回路の例

雑音を増幅

　前に説明した**ハウリング**(㊶ 参照)は、入力装置であるマイクから入力された音声などが繰り返し増幅されることで生じる現象でした。さて、これまで解説したRC発振回路やLC発振回路、水晶発振回路には、マイクのような入力装置が接続されていません。電源投入直後に増幅回路は何の信号を増幅するのでしょうか。はじめに増幅される信号は、**雑音**(ノイズ)なのです。例えば、オペアンプやトランジスタは、内部で熱雑音とよばれる雑音を生じます。また、増幅回路の周囲には、数々の雑音が存在します。発振回路では、動作のはじめにこれらの雑音を入力として増幅します。この出力の増幅を繰り返すことで、発振が起こるのです。通常は、悪者扱いをされる雑音ですが、役に立ってくれることもあるのです。

　出力する信号の周波数を変化させたい場合には、**位相同期ループ**(PLL)**発振回路**とよばれる回路を応用した**周波数シンセサイザ回路**などが使用されます。

43 簡単に構成できる発振回路のマルチバイブレータ回路

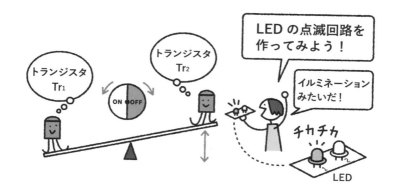

LEDの点滅回路を作ってみよう！

イルミネーションみたいだ！

チカチカ

LED

非安定形のマルチバイブレータ回路

精度や安定度はあまりよくありませんが、簡単に構成できる発振回路に**マルチバイブレータ回路**があります。マルチバイブレータ回路には、いくつかの種類がありますが、ここでは**非安定形**とよばれる回路について説明します。この回路は、2個のトランジスタを対称的に配置して配線することで構成できます。これらのトランジスタは、電子スイッチとして動作します(p. 83)。

発振周波数
$$f = 0.69RC \,[\text{Hz}]$$

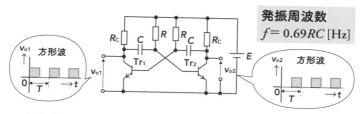

▲ 非安定形マルチバイブレータ回路の例

この回路では、コンデンサの充電と放電の相互作用で、一方のトランジスタがONのときは、他方のトランジスタがOFFになります。そして、この状態を一定の時間間隔で切り替える動作を繰り返します。これにより、方形波とよばれる出力信号を得ることができます。この方形波の周波数は、抵抗とコンデンサの値で決まります。

　例えば、下図のように2個のLEDを接続すれば、LEDが一定時間間隔で点滅する回路になります。

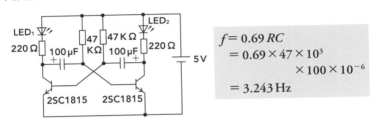

$$f = 0.69\, RC$$
$$= 0.69 \times 47 \times 10^3$$
$$\times 100 \times 10^{-6}$$
$$= 3.243\,\text{Hz}$$

▲ LED点滅回路の例

NOT回路を用いた非安定マルチバイブレータ回路

　非安定マルチバイブレータ回路は、NOT回路(48 参照)とよばれる電子部品を用いて構成することもできます。

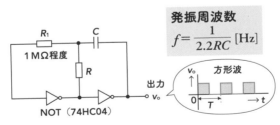

発振周波数
$$f = \frac{1}{2.2RC}\ [\text{Hz}]$$

▲ NOT回路を用いた回路の例

　ここで紹介した回路は、電子スイッチのON/OFF動作を使用しているので、デジタル回路の一種であると捉えることもできます。

44 フィルタ回路で目的の周波数の信号を取り出す

共振回路

　フィルタ回路は、目的の周波数の信号を取り出す働きをします。はじめに、フィルタ回路の原理に関係する**共振回路**について説明します。

- **直列共振回路**：コイルとコンデンサを直列に接続した共振回路であり、共振時にインピーダンスが最小になる。
- **並列共振回路**：コイルとコンデンサを並列に接続した共振回路であり、共振時にインピーダンスが最大になる。

　次図は、**直列共振回路**に交流電源 v を接続した回路です。この直列共振回路の合成インピーダンスは、交流電源 v の周波数 f に

よって変化します。fが**共振周波数**f_0の式を満たす状態を**共振**といい、このとき合成インピーダンスZが**最小**になります。一方、**並列共振回路**では、fが**共振周波数**f_0の式を満たす場合、つまり共振した場合に合成インピーダンスZが**最大**になります。

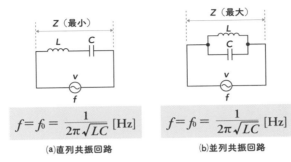

$$f = f_0 = \frac{1}{2\pi\sqrt{LC}} \; [\mathrm{Hz}]$$

(a)直列共振回路

$$f = f_0 = \frac{1}{2\pi\sqrt{LC}} \; [\mathrm{Hz}]$$

(b)並列共振回路

▲ 共振回路

並列共振回路を用いた場合

　並列共振回路を用いて、目的の周波数の信号だけを取り出すフィルタ回路を構成することができます。目的の周波数f_0で共振するようにLとCの値を定めます。この時、並列共振回路の合成インピーダンスZは、f_0に対しては最大の大きさになります。このため、f_0の信号は並列共振回路に流れ込みにくくなり出力端子に現れます。しかし、他の周波数f_1、f_2の信号に対しては、Zが最大値にならず、並列共振回路に流れ込むため出力には現れません。

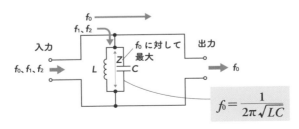

$$f_0 = \frac{1}{2\pi\sqrt{LC}}$$

▲ 共振回路によるフィルタ回路の例

143

演算増幅器を用いた3種類のフィルタ回路

　このように構成したフィルタ回路は、取り出す信号が弱くなってしまうなどの欠点があります。このため、増幅回路を組み込んで、目的の周波数の信号だけを大きく増幅して出力から取り出すようにしたフィルタ回路もよく使用されます。ここでは、演算増幅器(㉛ 参照)を用いた3種類のフィルタ回路について説明します。

- **LPF**(ローパスフィルタ)：ある周波数以下の信号を取り出す。
- **HPF**(ハイパスフィルタ)：ある周波数以上の信号を取り出す。
- **BPF**(バンドパスフィルタ)：ある周波数範囲の信号を取り出す。

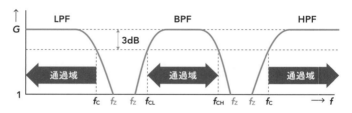

▲ フィルタ回路の特性

　利得が3dB低下すると増幅の度合いがたいへん小さくなるため、出力から取り出されないと考えます。この3dB低下するときの周波数を**遮断周波数** f_C といいます。また、利得 G が0dB(増幅度1)、つまり信号が増幅されなくなるときの周波数を**ゼロクロス周波数** f_Z といいます。

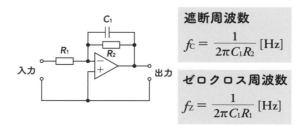

▲ LPF回路の例

遮断周波数

$$f_C = \frac{1}{2\pi C_1 R_2} \, [\text{Hz}]$$

ゼロクロス周波数

$$f_Z = \frac{1}{2\pi C_1 R_1} \, [\text{Hz}]$$

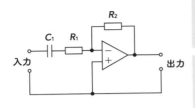

$$f_C = \frac{1}{2\pi C_1 R_1}\,[\text{Hz}]$$

遮断周波数

ゼロクロス周波数

$$f_Z = \frac{1}{2\pi C_1 R_2}\,[\text{Hz}]$$

▲ HPF回路の例

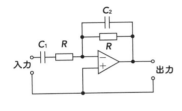

遮断周波数

$$f_{CH} = \frac{1}{2\pi R C_1}\,[\text{Hz}]$$

$$f_{CL} = 2\pi R C_2\,[\text{Hz}]$$

$\left(\begin{array}{l}\text{2個の抵抗 }R\text{ が等しいので}\\ \text{利得 }G\text{ の最大は 0}\end{array}\right)$

▲ BPF回路の例

　BPF回路は、上記のLPF回路とHPF回路を直列に接続することでも構成できます。

　コイルやコンデンサなどの受動素子だけで構成したフィルタをパッシブフィルタ、オペアンプやトランジスタなどの能動素子を使ったフィルタをアクティブフィルタといいます。

　ここで紹介したフィルタ回路は、**アナログフィルタ回路**とよばれます。この他に、コンピュータを使った演算処理によって動作する**デジタルフィルタ回路**もあります。デジタルフィルタ回路は、より選択性の優れたフィルタ回路を実現できます。

45 遠く離れた場所の音が聞こえる理由がわかる変調と復調のしくみ

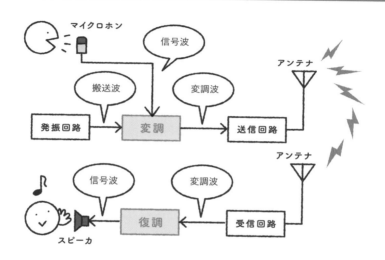

高周波の信号に情報を入れる

音声のような低い周波数(**低周波**)の情報を電波として遠くに送ることを考えましょう。電波を送受信する場合には、アンテナが必要になります。アンテナは、電波の周波数が高くなる(**高周波**)ほど小型にできます。しかし、人が聞くことのできる音は、20Hz～20kHz程度の低周波です。この情報を、そのまま電波の周波数とした場合、非常に大きなアンテナが必要になってしまい、かつ効率よく電波を送信できません。このようなことから、**搬送波**とよばれる高周波の信号を用意して、そこに音の情報を含ませて使用します。音などの送りたい情報の信号は、**信号波**といいます。そして、搬送波に信号波を含ませる処理を**変調**とい

い、変調した信号を**変調波**といいます。

- **搬送波**：情報を運ぶ役割をする高周波信号。
- **信号波**：送りたい情報の信号。
- **変調波**：搬送波に信号波の情報を含ませた信号。

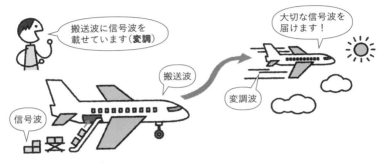

▲ 変調のイメージ

受信側では、変調波から信号波を取り出す**復調**とよばれる処理を行います。つまり、送信側で行う変調と受信側で行う復調は、逆の処理だと考えることができます。

- **変調**：搬送波に信号波を含ませる処理（送信側）。
- **復調**：変調波から信号波を取り出す処理（受信側）。

変調にはいくつもの方式があります。

- **アナログ変調方式**：搬送波、信号波ともアナログ信号。
- **デジタル変調方式**：搬送波はアナログ信号、信号波はデジタル信号。
- **パルス変調方式**：搬送波はデジタル信号、信号波はアナログ信号。

アナログ変調方式の基本

さらに、各変調方式にもいろいろな種類があります。ここでは、搬送波、信号波ともにアナログ信号を用いる**アナログ変調方式**の基本について説明します。

搬送波 v_c として、正弦波（sin 波）を考えましょう。正弦波は、次の式で表すことができます。

$$\text{搬送波 } v_c = \underset{\text{振幅}}{V_{cm}} \sin(2\pi \underset{\text{周波数}}{f_c} t + \underset{\text{位相}}{\theta}) \text{ [V]}$$

▲ 搬送波（正弦波）を表す式

この式の π は円周率（定数）、t は搬送波がある時間です。したがって、搬送波の状態を決めるのは、**振幅** V_{cm}、**周波数** f_c、**位相** θ の 3 要素であることがわかります。つまり、送りたい信号波の情報を搬送波に含ませる場合は、これらの 3 要素のいずれかに反映させることになります。

- **振幅変調（AM）**：信号波の情報を搬送波の振幅に反映する。
  回路が簡単、雑音の影響を受けやすい。
- **周波数変調（FM）**：信号波の情報を搬送波の周波数に反映する。
  回路が複雑、雑音の影響を受けにくい。
- **位相変調（PM）**：信号波の情報を搬送波の位相に反映する。
  周波数変調に似た変調波が得られるが、周波数が最大・最小になる時間が異なる。

変調の様子

例えば、振幅変調(AM)によって得られた変調波は、信号波の情報によって振幅が変化します。わかりやすいように、搬送波、信号波とも正弦波とした場合の各変調の様子を示します。

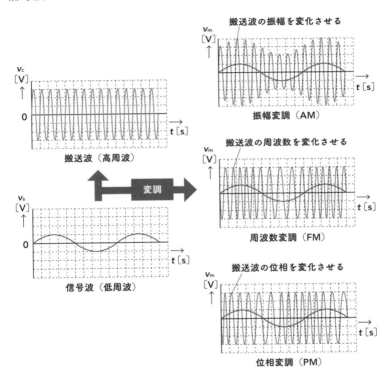

▲ 各種のアナログ変調方式

作られた変調波は、必要に応じて**周波数逓倍回路**とよばれる回路を用いてアンテナから送信する電波の周波数に変換されます。例えば、ラジオのFM放送は、この名称の通り、音楽を送受信するのに適した雑音に強い周波数変調(FM)を採用しており、送受信する電波の周波数は76.1〜94.9MHz(日本)です。これは、音の信号波(20Hz〜20kHz程度)に比べるとはるかに高い周波数になります。

46

信号波をもっと詳しく理解するための変調回路と復調回路

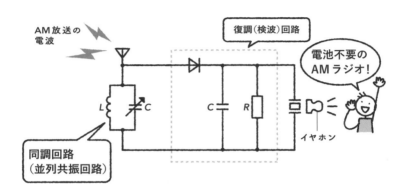

AM放送の
電波

復調（検波）回路

電池不要の
AMラジオ！

L　C

C　R

イヤホン

同調回路
（並列共振回路）

復調

送りたい**信号波**の情報を**搬送波**に反映させて**変調波**をつくることを**変調**といいます。そして、この逆の操作、つまり変調波から信号波の情報を取り出すことを**復調**といいます（㊺参照）。また、復調は**検波**ともよばれます。

　変調、復調にはいくつかの方式がありますが、ここでは基本となる**振幅変調（AM）**とその変調波の復調について説明します。

振幅変調

　振幅変調は、信号波の情報によって搬送波の振幅を変化させることで変調波をつくります。つまり、変調波の振幅の変化をつないだ**包絡線**とよばれる部分に信号波の情報が含まれていると考えることができます。振幅変調を行う回路には、**コレクタ変調回路**や**ベース変調回路**などがあります。

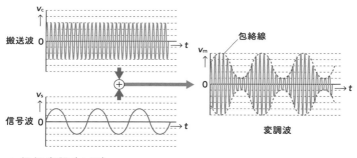

▲ 振幅変調（AM）

　コレクタ変調回路は、搬送波をトランジスタで増幅し、その出力の振幅を信号波の振幅に応じて変化させることで変調波をつくります。コイルT_3とコンデンサCによるLC回路の共振周波数は、搬送波の周波数と同じにします。これにより、出力される変調波の周波数は搬送波と等しくなります。また、変調波の振幅には、信号波の情報が反映されます。

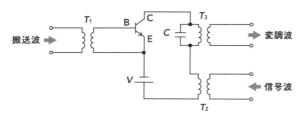

▲ コレクタ変調回路

トランジスタのコレクタ端子に信号波を加えることから、コレクタ変調回路とよばれます。この変調回路は、大きな電力を必要としますが、ひずみの少ない変調波を得ることができます。

　ベース変調回路は、搬送波と信号波をあわせてトランジスタに入力して増幅し、変調波をつくります。トランジスタのベース端子に信号波を加えることから、ベース変調回路とよばれます。コイルT_2とコンデンサCによるLC回路の共振周波数は、搬送波の周波数と同じにします。これにより、出力される変調波の周波数は搬送波と等しくなります。この変調回路は、小さい振幅の信号波を変調できますが、調整が容易ではなく、変調波にひずみを生じやすいのが短所です。

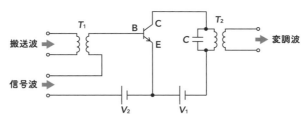

▲ ベース変調回路

振幅変調波の復調

　振幅変調された変調波を復調（検波）するには、ダイオードの順方向特性（㉑ 参照）を利用することができます。検波用のダイオードは、高い周波数で使用することが多いので、**接合容量**とよばれるコンデンサの静電容量と同じ性質を持った成分が少ないことなどが条件になります。例えば、**ゲルマニウム点接触ダイオード**や**ショットキー接合ダイオード**などが使用されます。小さい変調波に対しては、ダイオード特性の湾曲部を使用します。しかし、ダイオード特性の直線部を使用する**直線検波**（線形検波）が一般的です。

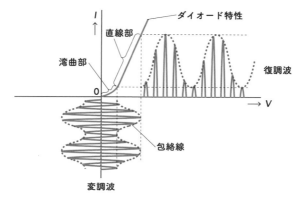

▲ 直線検波のしくみ

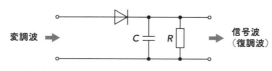

▲ 検波回路の例

　検波回路のコンデンサCは、高周波に対してはインピーダンスが小さくなるため、搬送波を除去する働きをします。またコンデンサCと抵抗Rで構成した充放電回路は、包絡線の形を取り出す役目をしています。

　この検波回路は、半波整流回路(p. 132)と同じ構成になっています。

交流の電圧がどう変化しているか わかるオシロスコープ

　電気についての各種計測を行う**測定器**には、さまざまな種類があります。例えば、**テスタ（回路計）**は、基本的な測定器として広く使われています。テスタには、**アナログ方式**と**デジタル方式**があります。アナログ方式で測定できるのは、抵抗値、直流（電圧、電流）、交流（電圧）などが一般的です。デジタル方式では、さらに静電容量（コンデンサ）やインダクタンス（コイル）、交流（電流、周波数）なども測定できる製品があります。

　交流電圧を測定する場合を考えてみましょう。交流は、時間とともに電圧の大きさや極性が変化しますが、テスタで測定して得られる交流電圧の大きさは**実効値**（コラム2 **参照**）です。交流波形を観測したい場合には、**オシロスコープ**を使用します。オシロスコープでは、変化する時間（横軸）に対応する電圧（縦軸）の波形などが観測できます。

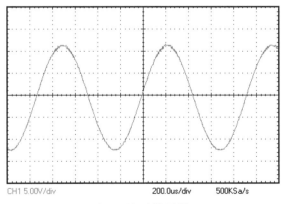

CH1 5.00V/div　　　　　　　　　200.0us/div　　　500KSa/s

▲ **オシロスコープでの波形観測例**

　現在は、デジタル方式のオシロスコープが主流となり、高度な数学的解析（高速フーリエ変換など）やパソコンと連携したデータ処理などができる製品も安価で入手できるようになりました。

5 デジタル回路を みてみよう

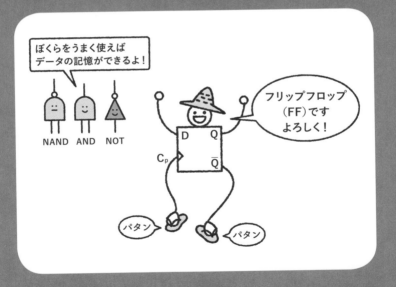

47 コンピュータの動作を理解するための論理演算

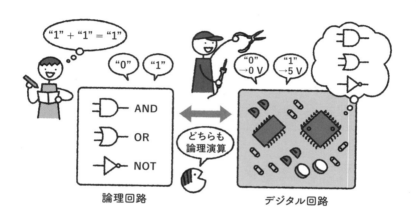

論理回路

デジタル回路

デジタル回路と論理回路

デ ジタル回路とは "0" と "1" からなるデジタル信号を処理する電子回路のことをいいます。デジタル回路では、例えば、デジタル信号の "0" を 0V、"1" を 5V のように、"0" と "1" を実際の電圧値に置き換えて処理する必要があります。

一方、必ずしも実際の電子回路に限らず、デジタル信号の処理方法を論理的に考えるために扱う回路として論理回路があります。論理回路では、具体的な電圧値を決める必要はなく、デジタル信号 "0" と "1" をそのまま使用します。

少しわかりにくいかもしれませんが、実際にはデジタル回路と論理回路は同じ意味で使われることも多く、区別する必要はほとんどありません。

算術演算と論理演算

私たちが日常で行う2+5=7のような計算を、**算術演算**といいます。一方、論理回路では、デジタル信号を対象にして**論理演算**とよばれる計算を行います。

- **算術演算**：四則演算（＋、－、×、÷）を基本にした計算。
- **論理演算**：0と1を対象にしたAND（アンド）、OR（オア）、NOT（ノット）などの計算。

"論理"などと聞くと、難しそうだと思うかもしれませんが、論理演算は算術計算よりも簡単です。例えば、算術演算では、6+8=14のように、計算によって1の位から10の位への**桁上がり**が生じます。また、割り算では上位の桁から値を借りてくる**桁借り**もあります。しかし、論理演算では、例えば1と1を論理的に加えても桁上がりが起こらず、桁数も変わりません。演算結果は1桁のままです。具体的な論理演算AND、OR、NOTなどについては、この後に続く節で解説します。

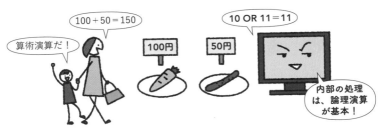

▲ 算術演算と論理演算

コンピュータは、内部の論理回路（デジタル回路）によって、複雑な算術計算を瞬時に処理します。しかし、みかたを変えると、コンピュータの内部では論理演算の組み合わせを高速で処理することで算術演算の答えを得ています。したがって、コンピュータの動作を理解するには、論理演算の知識が欠かせません。

48 基本的な論理回路を整理して考える

論理回路の基本的な考え方

論理演算を行う基本的な**論理回路**を理解しましょう。例えば、入力と出力が各1端子の論路回路を考えます。論理回路に入力または、出力されるデータは、"0"か"1"のどちらかです。この論理回路は、次のルールでデータを処理するとします。

- 入力が"0"の時は、出力を"1"とする。
- 入力が"1"の時は、出力を"0"とする。

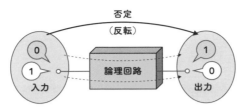

▲ 論 理 回 路 の 例

　ルールをまとめた表を**真理値表**、処理を示す式を**論理式**といいます。この論理回路は、入力を否定（反転）した値を出力としています。ここでの否定とは、"0"か"1"しかないデジタル信号の世界で、"0"でないと（否定）すれば"1"になり、"1"でないと（否定）すれば"0"になると考えます。このような論理演算を**論理否定（NOT、ノット）**といい、－（バー）記号で表します。

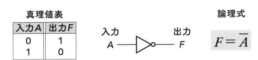

真理値表

入力A	出力F
0	1
1	0

論理式

$$F = \overline{A}$$

▲ 論 理 否 定（NOT）回 路

　基本的な論理回路には、**論理積（AND、アンド）**、**論理和（OR、オア）**などの論理演算を行う回路があります。

▼ 基 本 的 な 論 理 回 路 1

論理演算	NOT（論理否定）	AND（論理積）	OR（論理和）
図記号 MIL	A ─▷○─ F	A B ─D─ F	A B ─D─ F
図記号 JIS	A B ─[1]○─ F	A B ─[&]─ F	A B ─[≧1]─ F
論理式	$F = \overline{A}$	$F = A \cdot B$	$F = A + B$
真理値表	<table><tr><td>A</td><td>F</td></tr><tr><td>0</td><td>1</td></tr><tr><td>1</td><td>0</td></tr></table>	<table><tr><td>A</td><td>B</td><td>F</td></tr><tr><td>0</td><td>0</td><td>0</td></tr><tr><td>0</td><td>1</td><td>0</td></tr><tr><td>1</td><td>0</td><td>0</td></tr><tr><td>1</td><td>1</td><td>1</td></tr></table>	<table><tr><td>A</td><td>B</td><td>F</td></tr><tr><td>0</td><td>0</td><td>0</td></tr><tr><td>0</td><td>1</td><td>1</td></tr><tr><td>1</td><td>0</td><td>1</td></tr><tr><td>1</td><td>1</td><td>1</td></tr></table>

論理回路の図記号について、産業界では**MIL**（ミル）（アメリカの軍用規格）が使われるのが一般的ですが、資格試験などでは**JIS**（ジス）（日本産業規格）が使われることもあります。

論理積と論理和

　論理積（AND）回路は、2つ以上の入力端子をもち、入力データの積を出力します。したがって、入力と出力の関係は算術演算の関係と同じになります。

　論理和（OR）回路は、2つ以上の入力端子をもち、入力データの和を出力します。入力がすべて"1"の場合の処理に注意してください。"1"と"1"の論理和は"1"になります（"1"+"1"="1"）。

　算術演算のように1+1=2とはなりません。論理演算では、例えば、"0"を量がないデータ、"1"を量があるデータと考えます。すると、"1"+"1"は、"量があるデータ"+"量があるデータ"ですから、その演算結果は"量があるデータ"である"1"となります。

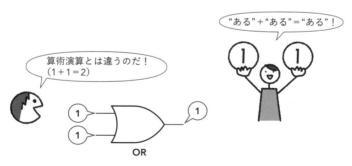

▲ 論理和（OR）の論理演算

　論理否定（NOT）回路は、入力と出力の端子数は各1つです。しかし、論理積（AND）回路と論理和（OR）回路については、出力端子は1つですが、入力端子は3つ以上の回路があります。入力端

子が3つ以上であっても、論理演算のルールは同じです。

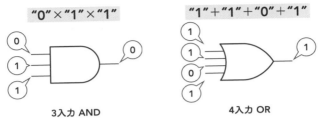

"0"×"1"×"1"   "1"+"1"+"0"+"1"

3入力 AND   4入力 OR

▲ 多入力の論理演算回路の例

否定論理積と否定論理和

さらに、基本的な論理回路として、**論理肯定（buffer、バッファ）**、**否定論理積（NAND、ナンド）**、**否定論理和（NOR、ノア）** の論理演算を行う回路があります。これらの論路回路は、それぞれ**論理否定（NOT、ノット）**、**論理積（AND）**、**論理和（OR）**の演算結果をさらに論理否定した値を出力します。

論理演算	Buffer （論理肯定）	NAND （否定論理積）	NOR （否定論理和）
図記号 MIL	$A -\!\!\rhd\!\!- F$	$A,B -\!\!\rhd\!\!\circ- F$	$A,B -\!\!\rhd\!\!\circ- F$
論理式	$F = A$	$F = \overline{A \cdot B}$	$F = \overline{A + B}$
真理値表	$\begin{array}{c\|c} A & F \\ \hline 0 & 0 \\ 1 & 1 \end{array}$	$\begin{array}{cc\|c} A & B & F \\ \hline 0 & 0 & 1 \\ 0 & 1 & 1 \\ 1 & 0 & 1 \\ 1 & 1 & 0 \end{array}$	$\begin{array}{cc\|c} A & B & F \\ \hline 0 & 0 & 1 \\ 0 & 1 & 0 \\ 1 & 0 & 0 \\ 1 & 1 & 0 \end{array}$

▲ 基本的な論理回路2

論理回路は、入力データを処理して出力する門（gate）と捉えて、**ゲート回路**ともいいます。また、積の記号「×」には、「・」を使うのが一般的です。

49 論理回路と論理式を さらに深く考える

論理式

$$F = A \cdot \overline{B} + \overline{A} \cdot B$$

どちらも同じ論理演算だ!

論理回路

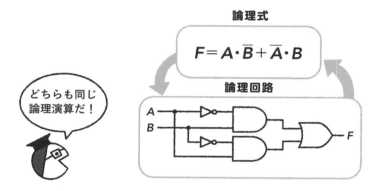

少しだけ複雑な論理回路

基本的な論理回路(AND、OR、NOT)をいくつか組み合わせて、少しだけ複雑な論理回路をつくってみましょう。

真理値表
（未完成）

A	B	F
0	0	
0	1	
1	0	
1	1	

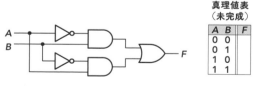

▲ 少しだけ複雑な論理回路

　この論理回路の入力は2つなので、入力の仕方は4パターンになります。4パターンの"0"と"1"のペアすべてを論理回路に入力する動作を考えて、**真理値表**を完成してみましょう。

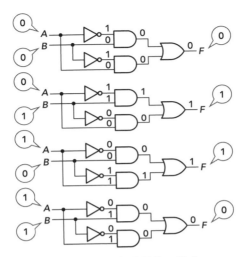

▲ 少しだけ複雑な論理回路の動作

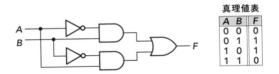

真理値表		
A	B	F
0	0	0
0	1	1
1	0	1
1	1	0

▲ 完成した真理値表

次に、この論理回路を**論理式**で表してみましょう。基本となる論理式は次の通りです。

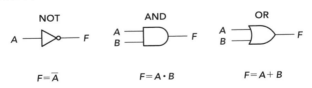

▲ 基本となる論理式

少しだけ複雑な論理回路に、基本となる論理式を当てはめてみましょう。

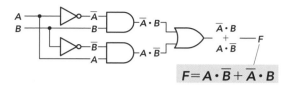

$$F = A \cdot \overline{B} + \overline{A} \cdot B$$

▲ 少しだけ複雑な論理回路の論理式

排他的論理和と否定排他的論理和

　このように、論理回路は論理式で表すことができます。また、その逆も言えます。つまり、論理式は論理回路で表すこともできます。このように、論理回路と論理式は、同じ論理演算を行う処理として対応します。

　さて、これまでみてきた少しだけ複雑な論理回路は、異なる値のペア（"0"と"1"、または"1"と"0"）が入力されたときに"1"を出力しています。この論理演算は、**排他的論理和（EX-OR、エクスクルーシブ・オア）**とよばれます。排他的論理和は、よく使われるので専用の図記号や論理式が用意されています。また、**否定排他的論理和（EX-NOR、エクスクルーシブ・ノア）**という論理演算もあります。

論理演算	EX-OR （排他的論理和）	EX-NOR （否定排他的論理和）
図記号 MIL	A B —F	A B —F
論理式	$F = A \oplus B$ $(F = A \cdot \overline{B} + \overline{A} \cdot B)$	$F = \overline{A \oplus B}$ $(F = A \cdot B + \overline{A} \cdot \overline{B})$
真理値表	A B F 0 0 0 0 1 1 1 0 1 1 1 0	A B F 0 0 1 0 1 0 1 0 0 1 1 1

▲ 図記号や論理式など

否定排他的論理和（EX-NOR）は、排他的論理和（EX-OR）の出力を論理否定（NOT）した値を出力します。

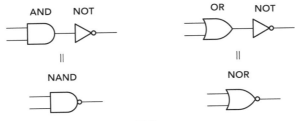

▲ 排他的論理和と否定排他的論理和

　同様に、論理積（AND）と否定論理積（NAND）なども、出力を論理否定（NOT）した値を出力する関係になっています。

▲ 基本的な論理回路の関係

　排他的論理和（EX-OR）は、異なる値のペア（"0" と "1"、または "1" と "0"）が入力されたときだけ "1" を出力するため、**不一致回路**ともよばれます。また、否定排他的論理和（EX-NOR）は、同じ値のペア（"0" と "0"、または "1" と "1"）が入力されたときだけ "1" を出力するため、**一致回路**ともよばれます。これらの回路は、デジタル信号のデータが等しいかどうかを判定する回路などに使用できます。ここでは、2入力（A、B）の場合を扱いましたが、3入力以上の不一致回路や一致回路を構成することもできます。

50 真理値表をみると よくわかる 論理回路の簡単化

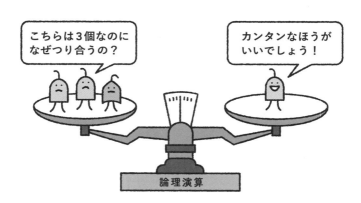

こちらは3個なのに なぜつり合うの？

カンタンなほうが いいでしょう！

論理演算

4つの入力パターン

論理積（AND）と論理和（OR）を使った次の論理回路の真理値表をつくりましょう。

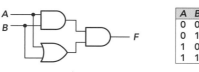

A	B	F
0	0	
0	1	
1	0	
1	1	

▲ 論理回路

　入力が2つなので、入力のしかたは4パターンになります。4パターンの"0"と"1"のペアを論理回路に入力したときの出力を求めましょう。

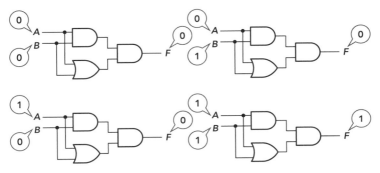

▲ 論理回路の動作

得られた真理値表をみて、気がつくことはありませんか。

▼ 得られた真理値表

A	B	F
0	0	0
0	1	0
1	0	0
1	1	1

どこかで見たことあるな〜

この真理値表は、論理積（AND）の真理値表（p. 159）と同じですね。つまり、この論理回路は、1個の論理積（AND）回路と同じ動作をするのです。言いかえれば、この論理回路では2個の論理積（AND）回路と1個の論理和（OR）を使っていますが、実は1個の論理積（AND）回路に置き換えることができるのです。これを**論理回路の簡単化**といいます。

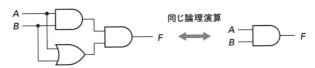

▲ 論理回路の簡単化の例

論理回路を簡単化するルール

論理回路の簡単化のしくみを知るために、論理回路の論理式を考えてみましょう。

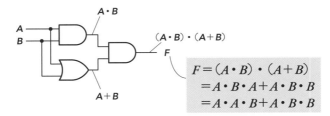

$$F = (A \cdot B) \cdot (A + B)$$
$$= A \cdot B \cdot A + A \cdot B \cdot B$$
$$= A \cdot A \cdot B + A \cdot B \cdot B$$

▲ 論理回路の論理式

アナログ値を扱うような通常の式変形を進めると、この論理回路に対応する論理式は、$F = A \cdot A \cdot B + A \cdot B \cdot B$ になります。しかし、ここで扱っているのは、"0" と "1" しかないデジタル信号であり、行うのは論理演算です。例えば、$A \cdot A$ の論理演算

▼ 論理式のルール例

名　称	公　式	
公理	$1 + A = 1$ $0 \cdot A = 0$	
恒等の法則	$0 + A = A$ $1 \cdot A = A$	
同一の法則	$A + A = A$ $A \cdot A = A$	A を B としても 同じです
補元の法則	$A + \overline{A} = 1$ $A \cdot \overline{A} = 0$	
復元の法則	$\overline{\overline{A}} = A$	
交換の法則	$A + B = B + A$ $A \cdot B = B \cdot A$	
結合の法則	$A + (B + C) = (A + B) + C$ $A \cdot (B \cdot C) = (A \cdot B) \cdot C$	
分配の法則	$A \cdot (B + C) = A \cdot B + A \cdot C$ $(A + B) \cdot (A + C) = A + B \cdot C$	
吸収の法則	$A \cdot (A + B) = A$、$A + A \cdot B = A$ $A + \overline{A} \cdot B = A + B$、$\overline{A} + A \cdot B = \overline{A} + B$	
ド・モルガン の定理	$\overline{A + B} = \overline{A} \cdot \overline{B}$ $\overline{A \cdot B} = \overline{A} + \overline{B}$	

を考えましょう。デジタル信号であるAの値は、"0"か"1"のどちらかです。もし、A="0"の場合は、A・A="0・0"="0"になります。また、A="1"の場合は、A・A="1・1"="1"になります。つまり、すべての場合で、A・A=Aが成立します。このようなルールを使用すれば、論理式を簡単化できることがよくあります。

論理圧縮

さて、前に求めた論理式$F=A・A・B+A・B・B$についての簡単化を考えてみましょう。

$F=A・A・B+A・B・B$　（同一の法則 $A・A=A$、$B・B=B$）
　$=A・B+A・B$　（同一の法則$A・B$をXとすれば、$X+X=X$）
　$=A・B$

論理式は論理回路に対応していますから、論理式の簡単化は、同じ動作をする論理回路をより簡単に構成できることを意味します。この例では、元の論理式が1個の論理積（AND）で実現できることが確認できました。論理回路用デジタルIC（㉚2種類のIC 参照）を使って、実際に回路を製作する場合は、論理和（OR）のデジタルICを使わなくてもよいことになります。簡単化による利点は、部品代の節約、消費電力の低減、回路の大きさの縮小などたくさんあります。論理式の簡単化は、**論理圧縮**とよばれることもあります。

ここでは、論理式を変形することで論理回路の簡単化を行う方法を紹介しました。この他に、カルノー図と呼ばれる図を用いる方法や、コンピュータ処理に適しているクワイン・マクラスキー法と呼ばれる簡単化の方法もあります。

51 デジタル回路を理解するために知っておきたい10進数と2進数

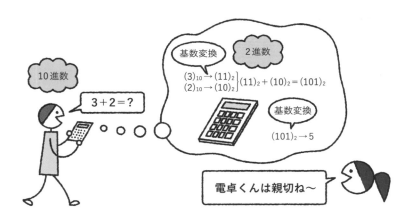

10進数

$3 + 2 = ?$

基数変換

2進数

$(3)_{10} \rightarrow (11)_2$
$(2)_{10} \rightarrow (10)_2$
$(11)_2 + (10)_2 = (101)_2$

基数変換

$(101)_2 \rightarrow 5$

電卓くんは親切ね〜

デジタル回路を理解するための2進数

私たちの日常では、数字として0〜9までの10種類を使います。そして、ある桁が9より大きくなると、$9 + 1 = 10$ のように上位の桁に桁上がりします。このような数を**10進数**といいます。

一方、デジタルの世界では、0と1の2種類の数字しかありません。ある桁が1より大きくなると、$1 + 1 = 10$ のように上位の桁に桁上がりします。このような数を**2進数**といいます。つまり、コンピュータに代表されるデジタル回路では、直接的に10進数を扱うことができません。例として、コンピュータの一種である電卓を使用した計算を考えてみましょう。私たちが、電卓の

キーを「3 + 2 =」と押すと、表示パネルに5と計算結果が表示されます。ここで、「3 + 2 =」の3や2は、10進数を表しています。ところが、デジタル回路である電卓は、10進数をそのまま解釈できません。このため、10進数の3や2を2進数（11と10）に変換します。そして、2進数として 11 + 10 = 101 を計算します。しかし、このままでは2進数の計算結果101が、私たちには「ひゃくいち」とみえてしまいます。このため、2進数の101を10進数に変換して5として表示します。

　電卓は、たいへん親切であり、私たちが2進数を意識しなくてもいいように動作してくれます。しかし、デジタル回路を理解するためには、2進数について知っておく必要があります。

▼ 10進数と2進数の対応

10進数	2進数	10進数	2進数
0	0	7	111
1	1	8	1000
2	10	9	1001
3	11	10	1010
4	100	11	1011
5	101	12	1100
6	110	13	1101

桁＝ビット

　数値を読む際、2進数は0と1を棒読みします。例えば、2進数の101は、「イチ・ゼロ（零）・イチ」と読みます。「ひゃくいち」は、10進数の場合の読み方です。2進数であることを明確にしたい場合は、$(101)_2$ などのように記すことがあります。また、2進数では、桁のことを**ビット**というのが一般的です。例えば、$(101)_2$ は、3ビットの2進数です。

　2進数の四則計算の例を確認しましょう。2進数では、1 + 1 を計算すると、2にはなりません。上位のビットに桁上がりして、10が答えになることに注意しましょう。

$$
\begin{array}{r}
11 \\
+\,)\ \ 1 \\
\hline
100
\end{array}
\qquad
\begin{array}{r}
10 \\
-\,)\ \ 1 \\
\hline
1
\end{array}
\qquad
\begin{array}{r}
10 \\
\times\,)\ 11 \\
\hline
10 \\
+\,)\ 10\ \ \\
\hline
110
\end{array}
\qquad
\begin{array}{r}
11\ \ \ \ \\
10\,)\overline{110} \\
10\ \ \ \ \\
\hline
10 \\
10 \\
\hline
0
\end{array}
$$

(加)   (減)   (乗)   (除)

▲ 2 進 数 の 四 則 計 算 の 例

基数変換

10進数の10や2進数の2を**基数**といいます。そして、ある数を他の基数で表すことを**基数変換**といいます。例えば、10進数の5を2進数に基数変換すると101になります。逆に、2進数の101を10進数に基数変換すると5になります。

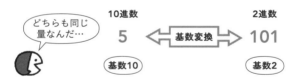

▲ 基 数 変 換 の 例

2進数→10進数の基数変換

ある10進数は、次のようになっていると考えられます。

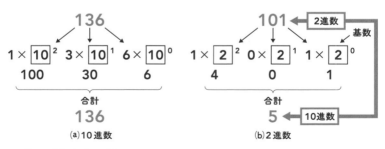

(a)10進数   (b)2進数

▲ 数 の 成 り 立 ち の 例

基数を変えれば、2進数の成り立ちも同じように考えることができます。このように考えることで、2進数の101を10進数の5に基数変換できます。

10進数→2進数の基数変換

10進数を2で次々と割っていきます。2で割った時の余りは、0か1のどちらかになります。答えが0になるまで割った時の余りを下から拾って並べると、2進数への基数変換の答えになります。次の例では、10進数の4を2進数の100に基数変換しています。

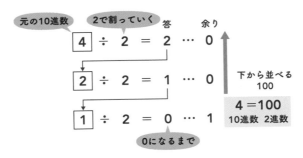

▲ 答えが0になるまで2で割る

丸め誤差

ここでは、整数だけを扱いましたが、小数部のある実数の基数変換も可能です。しかし、例えば10進数の0.1を2進数に基数変換すると、0.00011 0011 0011 0011…と0011が無限に繰り返される循環小数になります。デジタル回路では、無限のビットは扱えません。このため、用意できるビット数を超えるデータは捨てなければならず、これにより誤差を生じます。このような誤差を **丸め誤差** といいます。コンピュータは、万能ではありません。精密な計算結果が要求される場合などは、丸め誤差の影響をよく考えてデータを扱う必要があります。

符号化　エンコーダ　デコーダ

52 暗号化のことがわかる！エンコーダとデコーダ

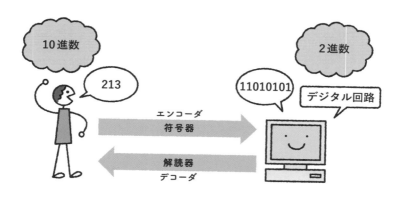

符号化と解読

例 として、ある文章を**暗号化**することを考えてみましょう。元の文書は、多くの人が理解できるデータです。しかし、暗号化後のデータは、特定の人しか理解できません。このとき、暗号化することを**符号化**ともいい、その装置を**エンコーダ（符号器）**といいます。また、符号化されたデータを解読する装置を**デコーダ（解読器）**といいます。つまり、エンコーダとデコーダは、逆の働きをする装置です。

- **エンコーダ**：データを符号化する装置。
- **デコーダ**：データを解読する装置。

ここでは、人が日常で使用する10進数を符号化前のデータ、デジタル回路が使用する2進数を符号化後のデータと考えて、エンコーダとデコーダを紹介します。

エンコーダ

　1桁の10進数を4ビットの2進数に基数変換するデジタル回路を考えましょう。デジタル回路では、10進数を直接的に扱うことができませんので工夫が必要です。そこで、10ビットの入力端子を用意して、それぞれの端子に10進数の0～9を割り当てることにします。これらの入力端子に加えるデータは、1個だけが1で、残りの9個は0とします。そして、1が加わった端子に対応する数が、入力した10進数だと考えます。出力は、4ビットの2進数なので、16通りのデータ表現[$(0000)_2$～$(1111)_2$]ができますが、ここでは10進数0～9に対応する10通り[$(0000)_2$～$(1001)_2$]だけを使いました。

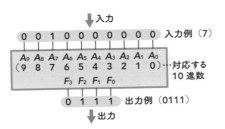

▲ 基数変換エンコーダの構成

　このエンコーダの動作を真理値表で確認しましょう。デジタル回路は、多入力の論理和（OR）回路を使って、次のように構成できます。

▼ 基数変換エンコーダの真理値表

A_9	A_8	A_7	A_6	A_5	A_4	A_3	A_2	A_1	A_0	F_3	F_2	F_1	F_0
0	0	0	0	0	0	0	0	0	1	0	0	0	0
0	0	0	0	0	0	0	0	1	0	0	0	0	1
0	0	0	0	0	0	0	1	0	0	0	0	1	0
0	0	0	0	0	0	1	0	0	0	0	0	1	1
0	0	0	0	0	1	0	0	0	0	0	1	0	0
0	0	0	0	1	0	0	0	0	0	0	1	0	1
0	0	0	1	0	0	0	0	0	0	0	1	1	0
0	0	1	0	0	0	0	0	0	0	0	1	1	1
0	1	0	0	0	0	0	0	0	0	1	0	0	0
1	0	0	0	0	0	0	0	0	0	1	0	0	1

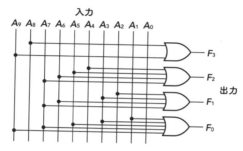

▲ 基数変換エンコーダの回路

デコーダ

　4ビットの2進数を1桁の10進数に解読するデジタル回路を考え
ましょう。このデコーダは、入力端子が4ビット、出力端子が10
ビットです。1が出力される端子は1個だけです。そして、1が出
力された出力端子に対応する数が、解読後の10進数だと考えます。

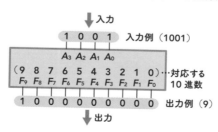

▲ 基数変換デコーダの構成

このエンコーダの動作を真理値表で確認しましょう。

▼ 基数変換デコーダの真理値表

A_3	A_2	A_1	A_0	F_9	F_8	F_7	F_6	F_5	F_4	F_3	F_2	F_1	F_0
0	0	0	0	0	0	0	0	0	0	0	0	0	1
0	0	0	1	0	0	0	0	0	0	0	0	1	0
0	0	1	0	0	0	0	0	0	0	0	1	0	0
0	0	1	1	0	0	0	0	0	0	1	0	0	0
0	1	0	0	0	0	0	0	0	1	0	0	0	0
0	1	0	1	0	0	0	0	1	0	0	0	0	0
0	1	1	0	0	0	0	1	0	0	0	0	0	0
0	1	1	1	0	0	1	0	0	0	0	0	0	0
1	0	0	0	0	1	0	0	0	0	0	0	0	0
1	0	0	1	1	0	0	0	0	0	0	0	0	0

デジタル回路は、論理否定（NOT）回路と、多入力の論理積
（AND）回路を使って、次のように構成できます。

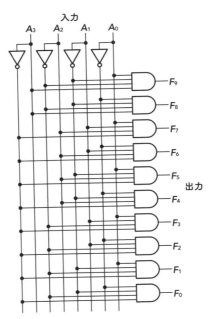

▲ 基数変換デコーダの回路

53 例をもとに 算術演算回路を把握する

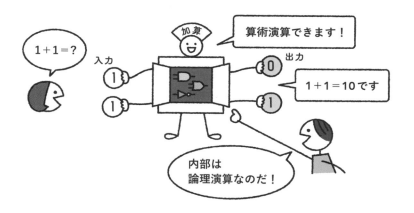

算術演算

これまでに、論理積（AND）や論理和（OR）など、**論理演算**を行う回路について説明しました。ここでは、私たちの生活で一般的に使用される**算術演算**の代表例として、加算を行う回路について説明します。例えば、1ビットの2進数 A と B を加算す

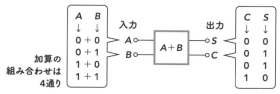

▲ 2進数の算術演算 $A+B$

る算術演算 $A + B$ を計算する場合を考えてみましょう。A と B の値は、0か1のどちらかですので、$A + B$ の算術演算の組み合わせには4通りがあります。

　2進数ですから、$1 + 1$ の加算結果は、10（イチゼロ）になることに注意しましょう。入力と出力の関係が、次のような真理値表と一致すれば算術演算の加算 $A + B$ を計算できることになります。

▼ 算術加算の真理値表（半加算器、ＨＡ）

A	B	C	S
0	0	0	0
0	1	0	1
1	0	0	1
1	1	1	0

注意しよう！

2進数では、
$1 + 1 = 10$

5
デジタル回路をみてみよう

　この真理値表を満たすしくみを論理演算によってつくります。例えば、次の論路回路(a)と(b)は、どちらもこの真理値表と同じ動作をします。

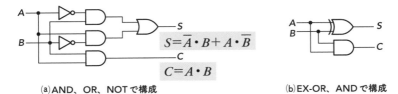

$$S = \overline{A} \cdot B + A \cdot \overline{B}$$

$$C = A \cdot B$$

(a) AND、OR、NOT で構成

(b) EX-OR、AND で構成

▲ 加 算 回 路（ 半 加 算 器 ）

　上記の加算回路は、論理演算を用いて構成されています。一方で、入力と出力の関係は、算術演算の加算と一致しています。このように、デジタル回路で算術演算を行う場合は、論理演算を応用して、必要な算術演算の計算結果が得られる回路をつくるのです。

半加算器と全加算器

　さて、この加算回路を例えば3個並べれば、3ビットどうしの加算が計算できるのでしょうか。答えは、ノーです。この加算回路は、入力が1＋1の場合、出力が10（$C = 1$、$S = 0$）となります。これは、上位の桁への桁上がりデータを端子Cに出力していると考えられます。そして、上位桁では、この桁上がりデータを受け取って計算に含めなければなりません。つまり、下位の桁からの桁上がりデータを受け取る入力端子が必要になります。先程の加算回路には、この入力端子がありません。このため、半人前の能力しかないと言う意味で、**半加算器**とよばれます。一人前の加算回路は、**全加算器**とよばれます。

- **半加算器**（HA: half adder）：1ビットどうしの加算回路。
- **全加算器**（FA: full adder）：複数ビットどうしの加算回路。

　全加算器の真理値表と図記号を確認しましょう。C_i が下位からの桁上がりデータを受け取るための入力端子です。また、出力の桁上がりデータの端子記号を C_o としています。

▼ 全加算器の真理値表

A	B	C_i	C_o	S
0	0	0	0	0
0	0	1	0	1
0	1	0	0	1
0	1	1	1	0
1	0	0	0	1
1	0	1	1	0
1	1	0	1	0
1	1	1	1	1

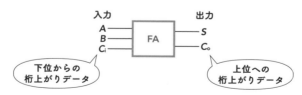

▲ 全加算器の図記号

全加算器の内部も、やはり論理演算の組み合わせでつくられています。一方で、入力と出力の関係は、算術演算の全加算と一致しているのです。全加算器は、半加算器を2個使用して構成することもできます。

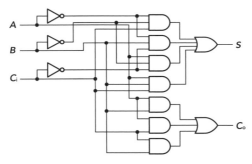

▲全加算器の回路例

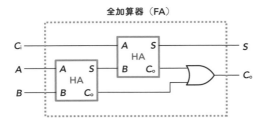

▲半加算器による全加算器の構成

　全加算器を並べれば、複数ビットどうしの算術加算が行えます。

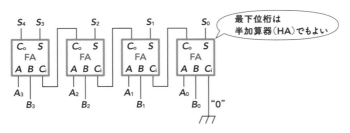

▲4ビットどうしの算術加算回路

5

デジタル回路をみてみよう

54 データの記憶には どんな回路が必要？

ぼくらをうまく使えば
データの記憶ができるよ！

NAND　AND　NOT

フリップフロップ
（FF）です
よろしく！

D　　Q
C_p
　　　Q̄

パタン　　　　パタン

フリップフロップ

これまでに説明した論理回路は、入力データを変更すると、すぐに出力が更新されます。また、入力データによって、出力は一意に定まります。しかし、この動作には、データを記憶しておく働きがありません。**フリップフロップ（FF: flip-flop）**とよばれる回路を使えば、データの記憶ができます。

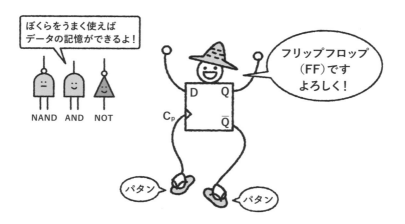

必ず決まった出力
入力データ ──────→ 出力データ

AND

① ①
① ⓪
⓪

入力を変えれば、
出力は更新される

▲ 論理積（AND）回路の動作例

D-FF

FFにはいくつかの種類があります（⑤⑤ 参照 ）が、ここでは**D-FF**を例にして説明します。D-FFは、基本的な論理回路を組み合わせることで構成できます。否定論理積（NAND）の出力が、入力側に戻されている接続が記憶のしくみに関わっています。

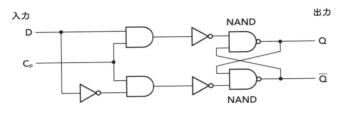

▲ D-FFの回路例

入力側のD端子には、記憶させるデータを入力します。C_p端子には、**クロック**とよばれる信号を入力します。このD-FFでは、クロックとして1が入力されたときに、D端子からデータを取り込んで記憶します。言い換えると、C_p端子のクロックが0のときは、D端子のデータにかかわらず、以前のデータをそのまま記憶しています。記憶されているデータは、Q端子から出力されます。また、$\overline{Q}$端子には、記憶されているデータを論理否定した値が出力されます。このように、FFは、クロックに基づいて（**同期**して）動作します。英語のflip-flopには、ビーチサンダルやパタンパタンという音を表す意味があります。デジタル回路で使うFFは、記憶するデータをパタンパタンと変化させるイメージで動作することが名称の由来のようです。

実際に使用されるFFでは、クロックが0から1に立ち上る瞬間（**アップエッジ**）、または1から0に立ち下がる瞬間（**ダウンエッジ**）に同期して動作するタイプが主流です。

5

デジタル回路をみてみよう

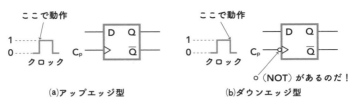

ここで動作

クロック

(a)アップエッジ型

ここで動作

クロック

○(NOT)があるのだ！

(b)ダウンエッジ型

▲ D-FFの図記号とクロック

D-FFの動作例

アップエッジ型のD-FFの動作例を、**タイムチャート**で示します。タイムチャートは、時間の経過を横軸で示し、ある時間の入力や出力の状態を縦軸に表す図です。C_p端子に入力されるクロックが0から1に立ち上がる瞬間に、D端子のデータを取り込んで記憶し、Q端子から出力していることを確認しましょう。$\bar{Q}$端子にはQ端子のデータを論理否定した値が出力されています。1個のD-FFは、0か1のデータを1個、つまり1ビットのデータを記憶できます。複数のD-FFを使えば、より多くのビット数のデータを記憶できます。

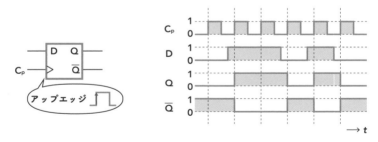

アップエッジ

$\longrightarrow t$

▲ D-FFのタイムチャート例

シフトレジスタ

FFの応用例として、4個のD-FFを接続した**シフトレジスタ**とよばれる回路を示します。$\bar{Q}$端子は、未使用なので記述を省略しています。

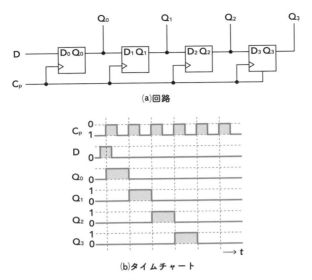

(a)回路

(b)タイムチャート

▲ 4ビットのシフトレジスタ

C_p端子に入力されるクロックが立ち上がる瞬間に、それぞれのD-FFがD_0〜D_3端子のデータを取り込み、Q_0〜Q_3端子から出力しています。タイムチャートをみると、はじめにD端子に入力されていたデータが、クロックごとに右側のFFにシフト（移動）していることがわかります。このシフトレジスタは、次の機能を持っていると考えられます。

- データの記憶機能（4ビット）。
- データをシフトする機能。
- 1ビットのD端子から直列に入力したデータを、4ビットのQ_0〜Q_3端子から並列に取り出す、直列―並列変換機能。

シフトレジスタを縦方向と横方向に並べてLEDと接続することで、文字が流れるように表示される電子掲示板をつくることもできます。

55 データを記憶する いろいろなフリップフロップ

ダウンエッジ型の例

前の節で説明した**D-FF**以外の**フリップフロップ**(**FF**)をみてみましょう。ここでは、クロックが1から0に立ち下がる時に動作するダウンエッジ型を例にして説明します。

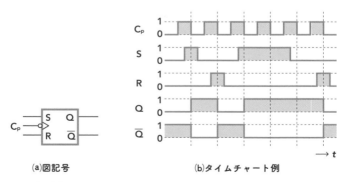

(a)図記号

(b)タイムチャート例

▲ RS-FF

- **RS-FF（SR-FF）**：端子 S = 1 のとき 1 を記憶（セット）し、端子 R = 1 のとき 0 を記憶（リセット）する FF です。

  RS-FF は、入力を S = 1、R = 1 とすると、動作が安定しません。このため、この入力パターンでは使用しないこととします。

- **JK-FF**：S = 1、R = 1 を入力できない RS-FF の欠点を改善した FF です。J = 1、K = 1 として動作させると、記憶内容（出力）を反転する動作をします。

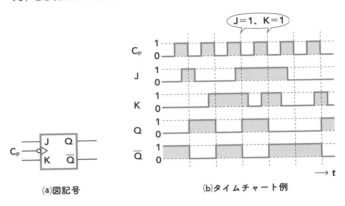

(a)図記号　(b)タイムチャート例

▲ JK-FF

- **T-FF**：動作するたびに記憶内容（出力）を反転する FF です。JK-FF の J、K 入力端子を 1 にしておくことでも実現できます。

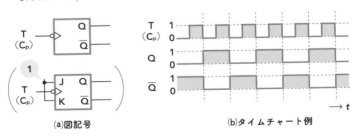

(a)図記号　(b)タイムチャート例

▲ T-FF

　例えば、数字を数えるときは、直前の値を記憶しておく必要があります。FF を使用すれば、データを数える**カウンタ回路**などをつくることができます。

56 A-Dコンバータで アナログ信号を デジタル信号に変換する

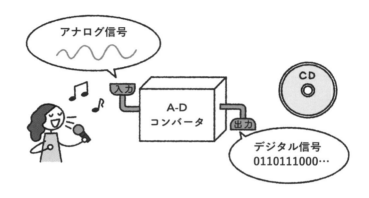

アナログ信号の値を取得するサンプリング

アナログ信号をデジタル信号に変換、またはその逆の変換を
する回路は以下のようによばれます。

- **A-Dコンバータ（A-D変換器）**：アナログ信号をデジタル信号
  に変換する回路。
- **D-Aコンバータ（D-A変換器）**：デジタル信号をアナログ信号
  に変換する回路。

ここでは、**A-Dコンバータ**について説明します。アナログ信号
をデジタル信号に変換する場合、アナログ信号の値を取得する必
要があります。値を取得することを**サンプリング**、取得の時間間
隔を**サンプリング時間**、といいます。サンプリング時間 Δt が小

さいほど、もとのアナログ信号の情報を精度よく取り出すことができます。しかし、Δtが小さいほど、情報量が増えるので、変換処理がたいへんになってしまいます。

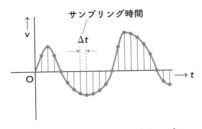

▲ アナログ信号のサンプリング

標本化定理

　ここで役立つのが、**標本化定理（サンプリング定理）**です。Δtを周期Tとみなしてその逆数をとれば、周波数f_sになります(p. 21)。このとき、次の関係が成り立てば、サンプリングした情報を用いて、もとのアナログ信号を完全に再現することができます。

もとの信号が
含んでいる
最大の周波数

サンプリングの
周波数

$$2 \times f_{max} \leqq f_s$$

これで、もとのアナログ信号が
完全に再現できる！

▲ 標 本 化 定 理

　つまり、すべての情報を取り出すために必要なΔtを決めることができるのです。F_{max}は、もとのアナログ信号に含まれる成分の最大周波数を示します。この重要な定理は、1949年にアメリカのシャノンと日本の染谷勲がそれぞれ独自に証明しました。もちろん、さほど精度が要求されない場合は、標本化定理を満たす必要はありません。

A-Dコンバータには、多くの方式がありますが、ここでは**並列比較方式**について説明します。

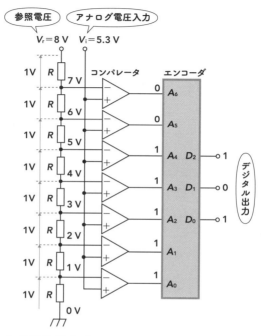

▲ 並列比較方式A-Dコンバータの動作例

この回路に使用している**コンパレータ**は、2つの入力電圧を比較して、反転入力（−）≦非反転入力（＋）のときにデジタル信号1、それ以外は0を出力します。コンパレータは、オペアンプ（㉛参照）に負帰還をかけないことで実現できます。

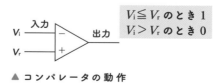

$V_i \leqq V_r$ のとき 1
$V_i > V_r$ のとき 0

▲ コンパレータの動作

例えば、参照電圧 V_r に8Vを加えておきます。この V_r は8個の同じ値の抵抗 R によって分圧され、各抵抗の端子電圧は1Vになっています。この状態で、デジタル信号に変換したいアナログ電圧(この例では、5.3V)を V_i に入力します。V_i は、それぞれのコンパレータにおいて、分圧された1〜7Vと比較されます。比較結果は、合計7ビット(コンパレータの数)のデータになります。この時点で、アナログ信号がデジタル信号に変換できたと考えることもできます。しかし、エンコーダを(52 エンコーダ **参照**)用いて、3ビットの2進数101に変換すれば、より扱いやすいデジタル信号になります。この例での変換結果101は、10進数でいうと5になります。もとのアナログ電圧 V_i は、5.3Vですから、5.3 − 5.0 = 0.3Vが変換誤差になります。

▼ エンコーダの真理値表

入　力							出　力		
A_6	A_5	A_4	A_3	A_2	A_1	A_0	D_2	D_1	D_0
0	0	0	0	0	0	0	0	0	0
0	0	0	0	0	0	1	0	0	1
0	0	0	0	0	1	1	0	1	0
0	0	0	0	1	1	1	0	1	1
0	0	0	1	1	1	1	1	0	0
0	0	1	1	1	1	1	1	0	1
0	1	1	1	1	1	1	1	1	0
1	1	1	1	1	1	1	1	1	1

　並列比較方式A-Dコンバータは、多くのコンパレータが必要なのが短所です。一方で、高速な変換処理ができるのが長所であり、閃光のごとくというイメージから、**フラッシュコンバータ**ともよばれます。

その他のA-Dコンバータ

　この他のA-Dコンバータとしては、**二重積分方式、逐次比較方式**などがあります。実際には、A-Dコンバータ、D-Aコンバータともに、IC化された製品が使用されることが多いです。

57 D-Aコンバータで デジタル信号を アナログ信号に変換する

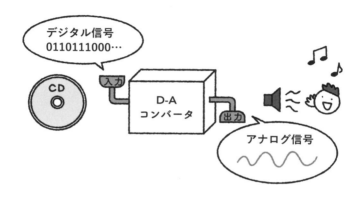

抵抗分圧方式

D-Aコンバータ（**D-A変換器**）は、デジタル信号をアナログ信号に変換する回路です。ここでは、**抵抗分圧方式**（**抵抗ストリング方式**ともいう）のD-Aコンバータについて説明します。簡単な例として、2ビットのデジタル信号を入力して、対応する

▼ デコーダの真理値表

入　力		出　力			
D_1	D_0	SW_3	SW_2	SW_1	SW_0
0	0	0	0	0	1
0	1	0	0	1	0
1	0	0	1	0	0
1	1	1	0	0	0

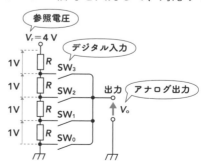

▲ 抵抗分圧方式 D-Aコンバータの回路例

アナログ信号を出力する回路を考えましょう。この回路は、参照電圧 V_r として加えた4Vを、4個の抵抗によって分圧しています。このため、各抵抗の端子電圧は1Vになっています。

入力する2ビットのデジタル信号は、**デコーダ**（ ⑤ デコーダ **参照** ）を使って、あらかじめ4ビットのデータに変換します。そして、変換後のデータに対応するように4個のスイッチ SW_0 〜 SW_3 をON/OFFします。例えば、入力する2ビットのデジタル信号が01の場合は、下図のようにスイッチ SW_0 〜 SW_3 を設定します。すると、出力端子からは、アナログ信号として V_o=1Vが得られます。

▼ 入力と出力の関係

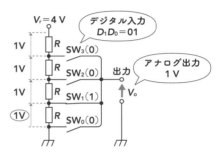

デジタル 入力		アナログ 出力
D_1	D_0	V_0[V]
0	0	0
0	1	1
1	0	2
1	1	3

▲ 抵抗分圧方式D-Aコンバータの動作例

抵抗分圧方式D-Aコンバータは、デコーダが必要なこともあり、回路が複雑になるのが短所ですが、精度がよい変換が行えるので、D-AコンバータICによく採用されています。

その他のD-Aコンバータ

このほかのD-Aコンバータとしては、**電流加算方式**、**はしご型方式**などがあります。これらの回路は、簡単な構成で実現できます。しかし、電流加算方式は、精度のよい多種類の抵抗が必要になるのが短所です。はしご型方式は、2種類の抵抗を多数使用します。また、どちらの方式も、オペアンプ（ ㉛ **参照** ）を併用することが多いです。

低電力で動作させるCMOS

NOT（論理否定） の基本回路は、トランジスタを**飽和領域**で動作させて、**スイッチング作用**（㉖ **参照**）を活用することで実現できます[図(a)]。ベース端子の入力 *A* が信号0のとき、トランジスタはOFFとなり、コレクタ端子の出力 *F* は電圧 *V* が出力され信号1となります。また、入力 *A* が信号1のとき、トランジスタはONとなり、出力 *F* はグラウンドに接続されるため信号0となります。

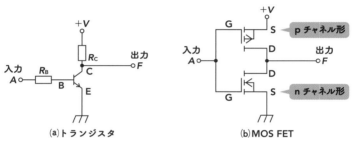

(a)トランジスタ　　　(b)MOS FET

▲ NOT回路の例

pチャネル形とnチャネル形のMOS FETを組み合わせてNOT回路を構成することもできます[図(b)]。この回路は、**CMOS**（complementary metal oxide semiconductor）とよばれ、一方のFETがONのときは、他方のFETがOFFとなるような動作をします。前述のトランジスタを使用したNOT回路とは異なり、抵抗を使用しない利点があります。さらに、抵抗で電力が消費されることがないので、**低消費電力**で動作します。また、CMOSは、IC化に適した構造をしているため、現在のNOT回路の主流となっています。

Chapter

6

生活の中での電子回路の活用をみてみよう

ピット　ランド　EF変調

58 CD（コンパクトディスク）は凹凸に記録のための秘密がある

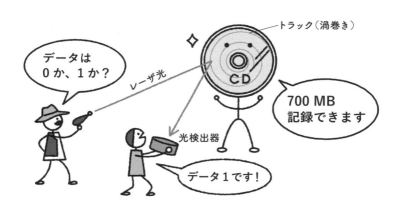

トラック（渦巻き）

データは
0か、1か？

レーザ光

CD

700 MB
記録できます

光検出器

データ1です！

毛髪より微細な構造

CDは、主として音楽やコンピュータのデータを記録するための媒体（メディア）として使用されています。レーザ光を使用して動作するため、**光ディスク**ともよばれます。光ディスクには、DVDやBDもありますが、これらについては次節で説明します。

一般的なCDは、直径12cmのプラスチック板でつくられており、約700MBのデータを記録できます。これは、音楽なら約70分のベートーベンの交響曲第9番が収まるデータ量です。CDの表面には、**トラック**とよばれる線が内側から外側に向かって渦巻き状に定められており、トラック上には、**ピット**（くぼみ部）と**ランド**（平坦部）がつくられています。

トラックの間隔は1.6μm、ピットの長さは最小で0.87μmで

す。人の毛髪の直径が40～100μm程度であることを考えると、CDがとても微小な構造をしていることがわかります。

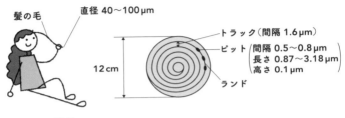

▲ CDの構造

反射光の量の違い

ディスク表面にあるトラックに沿ってレーザ光を照射して、光検出器でその反射光を検出します。すると、ピット部では凹凸があるため反射光が少なくなります。一方、平らなランド部では、反射光が多くなります。ピットは、くぼみという意味ですが、レーザ光を当てる面からみれば、山になっているようにみえます。この反射光の量の違いによって、ピット部とランド部を区別できます。

- **ピット**：レーザ光の反射量が少ない。
- **ランド**：レーザ光の反射量が多い。

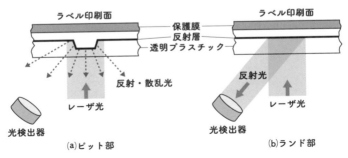

▲ 反射光の量

CDでは、ピットの始まりと終わりをデジタル信号のデータ1に、それ以外の部分はデータ0に割り当てています。このようにして、デジタル化した音楽やコンピュータのデータを記録することができます。

　レーザ光は発光素子であるレーザダイオードから出力し、CDからの反射光は受光素子であるホトダイオードで検出します。

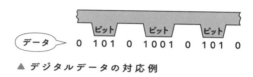

　データ　0　101　0　1001　0　101　0

▲ デジタルデータの対応例

　人が聴くことのできる音の上限の周波数は約20 kHz です (p. 146)。このためCDでは、アナログ音源のサンプリングの周波数 (p. 189) を20 kHzの2倍以上である44.1 kHzとしています。これにより、人にとっては情報を失うことなく元の音源を聴くことができます。

CDの問題とその対策

　しかし、実際のデータを扱う場合には、問題が生じてしまうことがあります。それは、デジタル信号のデータ1が連続する場合には、長さの短いピットを連続して配置する必要があることに関係します。

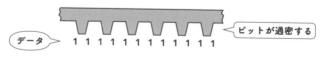

　データ　1 1 1 1 1 1 1 1 1 1 1 1　ピットが過密する

▲ データ1が連続する例

　連続した短いピットに対してのレーザ光の反射量を正確に検出することは難しいため、エラーが発生してしまうことがあるのです。この問題を解決するために、連続するデータ1を扱わなく

てもよいような工夫が取り入れられました。CDでは、0と1からなるデジタルデータ8ビット（8桁）を基本単位として扱います。しかし、ディスクに記録するデータは、8ビットから14ビットに割り当て直します。14ビットのデータの組合せ（16 384通り）は、8ビットのデータの組み合わせ（256通り）より64倍も多いため、データ1が連続していない組み合わせを探して割り当てることができるのです。このような、割り当てを行うことを**EF変調**といいます。EF変調は、8ビットを14ビットに変化させるという意味の英語（eight to fourteen moduration）の頭文字に由来します。

▼ EF変調の割り当て例

8ビットデータ	14ビットデータ
0110 1010	1001 0001 0000 10
0110 1011	1000 1001 0000 10
0110 1100	0100 0001 0000 10

8ビットデータ　　　　　　　　　　　14ビットデータ

0110　1010　$\xrightarrow{\text{EF変調}}$　**1001　0001　0000　10**

1が連続　　　　　　　　　　　　　　　　1の連続なし

▲ データ1が連続しないように割り当てる

CD-ROMとCD-Rの違い

CDには、あらかじめ記録されているデータを読み取るだけの**CD-ROM**や、ユーザがデータを書き込める**CD-R**などの種類があります。CD-ROMでデータを読み取る場合には、0.2 mW程度の弱いレーザ光を使用して、その反射光を検出します。一方、CD-Rにデータを書き込む際には、読み取り時よりも強い5〜8 mW程度のレーザ光を照射して、ディスクにある有機色素でできた記録層をレーザ光の熱で溶かして、隣接するポリカーボネイト基板上にピットを形成します。

59 CD、DVD、BDは何が違うのか

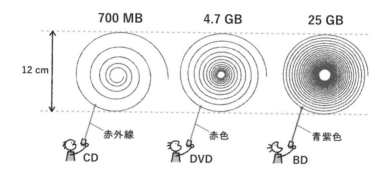

700 MB　　　4.7 GB　　　25 GB

12 cm

赤外線　CD　　　赤色　DVD　　　青紫色　BD

記録できるデータ量の違い

代表的な光ディスクには、**CD**(compact disc)、**DVD**(digital versatile disc)、**BD**(blu-ray disc)があります。これらの動作原理は、前節で説明したCDと基本的に同じです(変調方式は異なる)。つまり、トラックに沿ってレーザ光を照射し、その反射光を検出することで、デジタルデータの0と1を判別します。しかし、これらの光ディスクは、記録できるデータ量が異なります。CDは約700MBですが、DVDは4.7GB以上、BDは25GB以上のデータ記録が可能です(1GB = 1 000MB)。これら光ディスクの主な用途は次の通りです。

- **CD**：音声データ(700MB程度)。
- **DVD**：動画データ(4.7GB以上)。

- **BD**：高解像度テレビジョン（ハイビジョン）データ（25 GB以上）。

　例えば、高解像度テレビジョンデータの場合、4.7 GBのDVDでは約25分しか記録できませんが、25 GBのBDなら約2時間10分の記録ができます。また、いずれの光ディスクも、コンピュータのデータ保存用として使用されています。

記憶容量が異なる理由

　CD、DVD、BDは、どれも直径12 cmであるにも関わらず記憶容量が異なるのは、トラックの間隔やピットのサイズなどが異なるからです。これらを小さくするほど、構造が密になり、記憶できるデータ量は増加します。一方で、構造が密になると、レーザ光もより的を絞って精密に照射する必要が生じます。レーザ光の当たる面積の直径を**スポット径**といいます。小さなスポット径を得るためには、レーザ光の波長（色）が影響します。特に青系のレーザ光は、スポット径を小さくできます。ブルーレイディスク（BD）のブルーは、レーザ光の色を示しています。青系のレーザ素子は、1993年に発明された青色LED（㉔ 参照）の技術が応用されています。

　光ディスクのなかには、1枚のディスクの記録面を多層構造にすることで、記憶容量をさらに増加している製品があります。また、データの再書き込みが可能なCD-RW、DVD-RW、BD-REなどもあります。

▼ 光ディスクの仕様例

項目	CD	DVD	BD
レーザ光の波長	780 nm（赤外線）	650 nm（赤色）	405 nm（青紫色）
スポット径	1.5 μm	0.86 μm	0.38 μm
トラック間隔	1.6 μm	0.74 μm	0.32 μm
最小ピット長	0.87 μm	0.4 μm	0.138 μm
記録容量	700 MB程度	4.7 GB以上	25 GB以上

60 音声や画像データの圧縮

データ量を小さくする

音声や画像は、データ量が非常に大きくなることが多いため、できるだけ品質を落とさずにデータ量を小さくしたいことがあります。データ量を小さくすることを**圧縮**といい、さまざまな技術が実用化されています。

音声データと画像データ

　人の聴覚は、音の周波数の違いによって、聞こえる音の大きさが異なる性質を持っています。つまり、元は同じ大きさの音でも、周波数によっては聞こえない音もあるのです。また、大きな音が、小さな別の音をかき消してしまい、人には聞こえないこと

もあります。このような現象を利用して、音声データを複数の周波数成分に分解し、人が聞こえない部分のデータを削減することで全体のデータ量を圧縮することができます。音声データの圧縮に関する規格には、**MP3**（MPEG-1 Audio Layer-3）などがあります。MP3では、データ量を1/10程度まで圧縮できますが、圧縮率を上げるほどデータの品質は劣化します。

　画像データでは、人の視覚が色合いよりも明るさの違いに敏感である性質を利用して圧縮を行います。写真などの静止画像では**JPEG**、映像などの動画像データでは**MPEG-2**や**MPEG-4**とよばれる規格などがあります。MPEG-2とMPEG-4は、いずれもDCT（離散コサイン変換）とよばれる周波数変換手法が利用されています。いずれの圧縮法でも、圧縮率を上げるほど画質は劣化していきます。データ圧縮には、**可逆圧縮**と**非可逆圧縮**があります。

- **可逆圧縮**：圧縮後のデータを元のデータに戻せる。
- **非可逆圧縮**：圧縮後のデータを元のデータに戻せない。

　ここで紹介したMP3、JPEG、MPEG-2、MPEG-4などの規格は、非可逆圧縮に相当します。また、パソコンなどで、これらの圧縮データを扱う場合は、データファイルの拡張子（ファイル名の末尾につく記号）により規格を判別できます。

▼ 規格と拡張子の対応例

規格	用途	拡張子
MP3	音声	.mp3
JPEG	静止画	.jpg　.jpeg
MPEG-2	動画	.m2p
MPEG-4	動画（低画質にも対応）	.mp4

61 電気信号を デジタル的に処理して 増幅するD級増幅回路

デジタル的な処理をします

動作点が基準です

D級増幅回路

アナログ増幅回路

D級増幅回路の基本的な構成例

D級増幅回路は、音声などの電気信号をデジタル的に処理して増幅する回路であり、**デジタルアンプ**ともよばれることもあります。㊲では、動作点の位置による増幅回路の級について説明しましたが、D級増幅回路はこの分類とは関係ありません。D級増幅回路の基本的な構成例を示します。

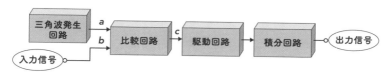

▲ D級増幅回路の基本的な構成例

- **三角波発生回路**：パルス幅変調を行うための入力信号をつくる。
- **比較回路**：コンパレータを用いてパルス幅変調を行う。負帰還をかけないオペアンプが使用できる。
- **駆動回路**：MOS FETなどのスイッチング作用によってデジタル信号の振幅を大きくする。
- **積分回路**：デジタル信号から不要な雑音成分を取り除き、アナログ信号に戻す。

パルス幅変調

増幅したい信号を正弦波 v_i とします。比較回路（**コンパレータ**）に正弦波 v_i と三角波とよばれる信号 v_t を同時に入力します。オペアンプ（㉛ **参照** ）を負帰還接続せずに使用すれば、2種類の入力信号を比較した結果を出力するコンパレータとして動作します。コンパレータは、正弦波 v_i と三角波 v_t の大きさを比較して、$v_i > v_t$ のときだけ例えば v_d として3Vの電圧を出力します。これ以外のときは、0Vを出力します。

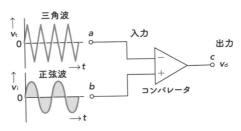

▲ **比較回路**（コンパレータ）

比較回路の出力として得られるデジタル信号 v_d と入力した正弦波 v_i の波形を比べてみてください。v_d の横幅（時間軸）の変化は、入力した正弦波 v_i の大きさに比例しています。

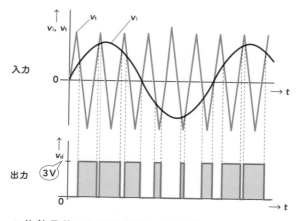

入力

出力

▲ 比較回路の入出力波形の対応例

このような対応をつける変換を**パルス幅変調**(PWM)といいます。パルス幅変調によって得られた信号は、方形波のオンとオフの時間の比(**デューティ比**)が、元の信号の大きさに対応します。

このようにして得られた比較回路の出力信号(パルス幅変調波)の振幅は、この例では $v_d = 3V$ です。この振幅をさらに大きな電力を駆動できる半導体を使って増幅します。例えば、駆動回路にMOS FET(㉗ 参照)を用いて、振幅が3Vの v_d を入力して、振幅が15Vの出力 $v_d{}'$ を得ます。ここでは、MOS FETを飽和領域で動作させるスイッチング作用を活用しています(㉖ 参照)。このような増幅をD級増幅といいます。

積分回路に入力する

このようにして得られた $v_d{}'$ を、**積分回路**とよばれる回路に入力すると、アナログ信号の v_o が出力されます。積分回路は、方形波を入力した場合に、次のようなアナログ信号を出力する回路であり、オペアンプなどを用いて構成できます。

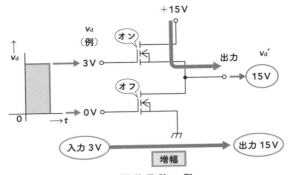

▲ MOS FETによる駆動回路の例

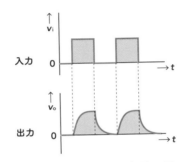

▲ 積分回路の入出力波形の例

　このように、入力した正弦波v_iは、パルス幅変調され、MOS FETによる駆動回路で大きな振幅に増幅された後、積分回路によってアナログ信号の正弦波として出力されます。D級増幅回路は、小さい消費電力で効率的な増幅が行えるのが利点です。一方で、直線的な三角波をつくることは困難なため、パルス幅変調波の振幅を大きくする際に発生する雑音が多いなどの欠点がありました。しかし、IC化技術の向上により、これらの欠点が解決されたことで、オーディオ機器などに広く使用されるようになりました。D級増幅回路は、ICとして構成するのが一般的です。

62 進化しつづけるマウス

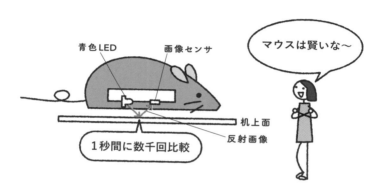

青色LED　　画像センサ

マウスは賢いな～

1秒間に数千回比較

机上面

反射画像

マウスは機械式から光学式へ

マウスは、パソコンの操作に使用する入力装置です。ネズミ(mouse)のような形状をしていることから、このような名称でよばれています。マウスを机上で移動させると、移動方向や移動量に応じて、パソコン画面に表示される**マウスポインタ**が移動します。また、マウスに付いているボタンを押す(クリックする)ことで、データの選択や入力ができます。

マウスは、ボールを内蔵した機械式から、光の反射を検出する光学式に発展しました。現在では、青色LEDやレーザ光を使用した高精度な光学式が主流になっています。機械式マウスは内部に溜まるホコリを掃除しなければ誤差が大きくなってしまう欠点

がありましたが、光学式ではメンテナンスがほぼ不要になりました。

マウスのしくみ

　現在の一般的なマウスは、底面からLEDの光を机上面に照射し、反射してくる画像を画像センサで検出します。これを、例えば、2 000 dpi（幅約2.54 cm当たり、2 000画素）の読み取り解像度で、1秒間当たり数千回実行します。そして、これらの画像の変化を解析して、マウスの移動方向や移動量を計算します。

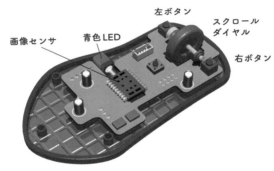

左ボタン

スクロールダイヤル

画像センサ　青色LED

右ボタン

▲ マウスの内部

　光沢のある面や、不透明のガラス面などでも、面上の傷や付着しているホコリの位置などによって、正確な移動量検出ができるマウスもあります。また、Bluetoothとよばれる無線規格を使ったワイヤレスマウスもよく使われています。

　ノート型のパソコンでは、マウスの代替えとして、指の移動に伴う静電気の変化を検出する<u>トラックパッド</u>とよばれる入力装置が搭載されている製品が多くあります。

トラックパッド

▲ トラックパッド

63 光を制御する ディスプレイ

代表的な画像表示装置

パソコンやスマートフォンなどに使用されている画像表示装置には、**液晶ディスプレイ**や**有機ELディスプレイ**などがあります。どちらも、薄くて軽量であり、消費電力が少ない長所をもっています。

液晶ディスプレイ（LCD）

細長い棒のような形状をしている液晶の分子は、接触した**配向膜**に刻まれた溝に沿って並ぶ性質を持っています。刻む溝を90°ずらした2枚の配向膜で液晶を挟むと、液晶の分子は、両端が90°ねじれた配置になります。この状態で、片面から垂直成分の

光を当てます。使用している偏光板Aは光の垂直成分のみ、偏光板Bは光の水平成分だけを通過させる働きをしています。すると、液晶に入った垂直成分の光は90°**偏光**し（位相がずれて）、水平成分となって液晶を通過します。この水平成分の光は、偏光板Bも通過して外に出ます。

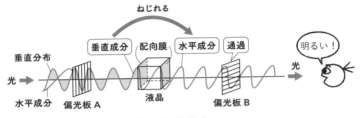

▲ 90°ねじれた光は偏光板Bを通過する

この状態で、両端の配向膜に電圧を加えると、液晶の分子はねじれずにまっすぐな配置になります。このため、入ってきた垂直成分の光は、液晶をそのまま通過します。しかし、この光は垂直成分であるため偏光板Bを通過できません。つまり、光は外に出ることができません。

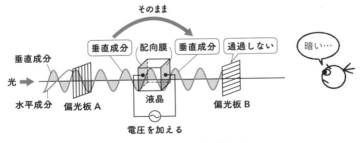

▲ 垂直成分のままの光は偏光板Bを通過しない

このように、液晶は配向膜に電圧を加えるかどうかで、外に光を出すかどうかを決めるシャッターのような働きをしています、カラーディスプレイとして使用する場合は、透明電極の横に配置

したカラーフィルタを使って、3色(R：赤、G：緑、B：青)の光
を合成します。

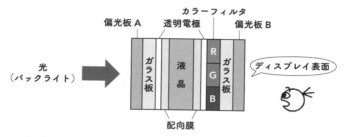

▲ 液晶ディスプレイの構造

　液晶ディスプレイは、液晶が光の通過を制御する働きを利用し
た画像表示装置です。しかし、自らは光を発しないため、**バック
ライト**とよばれる光源を用意する必要があります。バックライト
には、LED(発光ダイオード)がよく使用されています。

有機ELディスプレイ

　有機ELディスプレイは、有機化合物の材料を用いてつくられ
ています。ELは、**電界発光**を意味するエレクトロルミネセンス
(electroluminescence)の略語です。

　有機化合物でできた発光層を電極で挟んで電圧を加えます。す
ると、発光層の分子が高いエネルギーをもった状態になります。
これを**励起**するといいます。励起した分子は、もとのエネルギー
状態に戻る際に光を
出す性質がありま
す。この光は、ガラ
ス板を通過して外に
出ます。

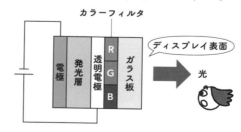

▲ 有機ELディスプレイの構造

有機ELディスプレイは、液晶ディスプレイとは異なり、自ら
が光を発する（**自発光する**）ため、バックライトが不要です。カ
ラーディスプレイとして使用する場合は、液晶ディスプレイと同
様に、3色のカラーフィルタを使います。この場合は、発光層か
らの光を白色とします。

▼ ディスプレイの比較例

項目	液晶ディスプレイ	有機ELディスプレイ
バックライト	必要	不要
厚み	薄い	非常に薄い （曲げられる製品もある）
寿命	6万時間程度	3万時間程度
解像度	高い	非常に高い
価格	安価	液晶より高価

LEDディスプレイ

LED（発光ダイオード）を使ったディスプレイも開発されていま
す。LEDは、有機ELディスプレイと同様に自発光する素子であ
り、高輝度なディスプレイを実現できます。耐久性も優れている
ため、屋外で使用する大型ディスプレイとしても適しています。
また、文字を表示する電光掲示板などとしても広く使用されてい
ます。しかし、今のところは価格が高いこともあり、テレビやパ
ソコン用のLEDディスプレイとして普及には至っていません。

投影型　静電容量　電極パターン層

64 スマートフォンや タブレットに使われる タッチパネル

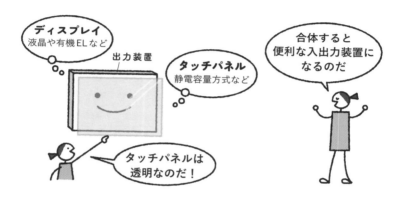

ディスプレイ
液晶や有機ELなど

出力装置

タッチパネル
静電容量方式など

合体すると
便利な入出力装置に
なるのだ

タッチパネルは
透明なのだ！

静電容量方式

タッチパネルは入力装置ですが、ディスプレイと組み合わせることで入出力装置として使用できます。いろいろな方式のタッチパネルがありますが、ここではスマートフォンやタブレット端末によく使用されている**投影型**の**静電容量方式**について説明します。この方式のタッチパネルは、**電極パターン層**をガラス板と透明カバーで挟んだ構造をしています。さらに、電極パターン層は、絶縁膜の両端に縦方向と横方向の透明電極を重ねた構造をしています。また、電極パターン層の外枠部分の縦と横には、多数の検出電極が取り付けられています。タッチパネルの透明カバーを指などで触れると、電極パターン層に生じる**静電容量**

が変化します。この変化量を、外枠部分の検出電極で測定することで、指などが置かれた位置を正確に知ることができます。静電容量については、コンデンサ(⑯ 参照)のところで説明していますので、必要に応じて参照してください。

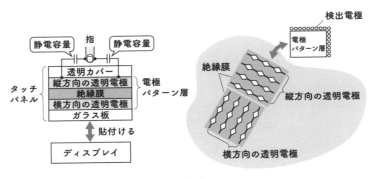

▲ 静電容量方式タッチパネルの構造

タッチパネル＋ディスプレイ

　タッチパネルをディスプレイに貼り付ければ、画面をみながら視覚的な入力操作を行うことができます。さらに、投影型の静電容量方式は、複数の位置を同時に検出することができます。このため、複数の指を使った画面の拡大や縮小などの操作(ジェスチャーコントロール)などを行うこともできます。ただし、指などとの間に生じる静電容量を利用しているので、手袋をした指や比導電性のタッチペンなどでは動作しません。

　この他、タッチパネルの外枠から超音波を送り出して、受信した超音波の変化量から、指などの位置を検出する**超音波表面弾性波方式**などがあります。この方式は、タッチパネルの表面が傷ついた場合でも動作に影響しないことが多いため、悪条件でも頑強で安定した動作が要求される公益性の高い端末装置やゲーム機などによく使用されます。さらに、赤外線の変化量を検出する**赤外線走査方式**などもあります。

〈著者略歴〉

堀 桂 太 郎 （ほり けいたろう）

日本大学大学院　理工学研究科情報科学専攻　博士後期課程修了。博士（工学）。
国立明石工業高等専門学校　名誉教授。神戸女子短期大学総合生活学科　教授。
著書に『絵とき　ディジタル回路の教室』『絵とき　アナログ電子回路の教室』（以上、オーム社）、『図解　PIC マイコン実習——ゼロからわかる電子制御（第 2 版）』『図解　コンピュータアーキテクチャ入門（第 3 版）』『図解　論理回路入門』（以上、森北出版）、『オペアンプの基礎マスター』『例題でわかる Python プログラミング入門』（以上、電気書院）などがある。

イラスト：サタケ シュンスケ
本文デザイン：上坊 菜々子

「電子回路、マジわからん」と思ったときに読む本

| 2023 年 2 月 25 日 | 第 1 版第 1 刷発行 |
| 2024 年 11 月 10 日 | 第 1 版第 4 刷発行 |

著　者　堀　桂　太　郎
発行者　村　上　和　夫
発行所　株式会社　オーム社
　　　　郵便番号　101-8460
　　　　東京都千代田区神田錦町 3-1
　　　　電話　03(3233)0641(代表)
　　　　URL　https://www.ohmsha.co.jp/

組版　クリィーク　印刷・製本　壮光舎印刷
ISBN978-4-274-23014-1　Printed in Japan

本書の感想募集　https://www.ohmsha.co.jp/kansou/
本書をお読みになった感想を上記サイトまでお寄せください。
お寄せいただいた方には、抽選でプレゼントを差し上げます。